Andrea Kleist

# Vegan vs. BARF

## Neue Wege zum gesunden Hund

Kynos

Konrad-Zuse-Straße 3, D-54552 Nerdlen/Daun

Telefon: 06592 957389-0

www.kynos-verlag.de

Gedruckt in Lettland

ISBN 978-3-95464-323-3

Bildnachweis: Titelbild jagodka-stock.adobe.com und Grafiken von Vectors Market-stock.adobe.com, lilaya shlapak-stock.adobe.com

Alle Grafiken von Marina Gorskaya-stock.adobe.com: S. 101, 103, 105, 121, 150, 166, 168, 182 o.; Vectors Market-stock.adobe.com: S. 13, 28, 37, 68; lilaya shlapak-stock.adobe.com: S. 13, 14, 17, 22, 28, 30, 42, 56, 67, 81, 84, 167, 174, 186; Diana-stock.adobe.com: S. 116, 120, 127, 176, 182; Yorozuya-stock.adobe.com S. 118; Alexandra Simkina-stock.adobe.com: S. 135 re.; sabelskaya-stock.adobe.com S. 135 Mi.; daudau992-stock.adobe.com: S. 33, 126, 135; orange_rabbbit-stock.adobe.com: S. 50, 53, 126, 136, 165, 177, 180; Svitlana-stock.adobe.com: S. 126, 128, 130, 131; Myurenn-stock.adobe.com: S. 139, 143, 181, 183,

Mit dem Kauf dieses Buches unterstützen Sie die
Kynos Stiftung Hunde helfen Menschen
www.kynos-stiftung.de

# Inhaltsverzeichnis

# 1.

# Vom Wolf zum Hund

# Veränderte Ernährungsgewohnheiten von Hunden

Hunde sind keine Wölfe mehr. Durch einen sehr komplexen und aktuell noch wenig verstandenen Prozess entstanden im Laufe der Zeit aus wilden Wölfen zunächst die sogenannten Primärhunde als erste menschliche Begleiter, woraus sich dann im Laufe der Zeit zahlreiche Rassen entwickelt haben. Auch wenn es diverse Theorien zur Abstammungsgeschichte von Hunden gibt, zeigen neueste Studien, dass bisher jedoch noch keine ursprüngliche Wolfspopulation ausfindig gemacht werden konnte, aus der sich die heutigen Hunde entwickelt haben.[1] Unabhängig ihrer regionalen und zeitlichen Herkunft lassen aber diverse Forschungsergebnisse schlussfolgern, dass die Entwicklung der heutigen Haushunde der Höhepunkt der Domestizierung ist, der in der Zeit der Jäger und Sammler begann.[2]

Einige Ergebnisse deuten darauf hin, dass ein entscheidender Schritt in der Entwicklung vom Wolf zum Hund vor allem das Aufkommen der landwirtschaftlichen Gesellschaften und das Anpassen der Hunde an eine damit zusammenhängende stärkehaltige Ernährung ist. Es konnte belegt werden, dass sich bei der gesamten Hundepopulation weltweit die AMY2B-Kopiezahl gesteigert hat. AMY2B ist ein Gen, das für das Enzym Amylase kodiert, also die genetische Anleitung enthält, um das Enzym Amylase zu produzieren. Bei Amylase handelt es sich um ein Verdauungsenzym, das für die Zerlegung von Stärke in kleinere Zuckermoleküle wie Glukose verantwortlich ist. Eine hohe Kopiezahl des AMY2B-Gens zeigt die Fähigkeit von Hunden, Stärke gut verdauen zu können.[3]

Allerdings lassen einige Ergebnisse vermuten, dass sich dieser Anpassungsprozess auf einzelne Hundepopulationen weltweit unterschiedlich stark ausgewirkt hat, da diejenigen Hunde deutlich mehr dieser Kopien in sich tragen, die aus Regionen stammen, in denen in prähistorischen Zeiten Landwirtschaft betrieben wurde. Diese Beobachtungen deuten darauf hin, dass dieser Unterschied auf eine drastische Ernährungsumstellung zurückzuführen sein kann, die entweder mit der Entwicklung und Verbreitung der landwirtschaftlichen Gesellschaft oder der anschließenden Verfeinerung der Anbautechniken in den meisten, aber nicht allen Regionen der Welt verbunden ist.[3]

Archäologische Funde in Sibirien liefern zudem Ergebnisse, dass die früheren Haushunde eine kleinere Körpergröße aufwiesen als die ursprünglichen Wölfe, was wissenschaftlich unter anderem ebenfalls mit der Domestizierung begründet wird. Während die Wölfe durchschnittlich über 30 Kilogramm wogen, brachten die damaligen Hunde durchschnittlich nur noch 21,5 Kilogramm auf die Waage. Die geringere Körpergröße lässt Forscher eine geringere Beißkraft und ein kleineres Jagdgebiet vermuten, was wiederum Auswirkungen auf die Ernährungsweise gehabt haben dürfte. Diese Veränderungen könnten dazu beigetragen haben, dass Hunde im Laufe der Zeit ihre Ernährungsweise immer mehr den Menschen angeglichen haben, sich in ihrer Nähe niederließen und dadurch die Jagd im Rudel einstellten. Sollten sie dennoch gejagt haben, dann waren es kleinere Beutetiere, die sie alleine töten konnten, was dem Jagdverhalten von Füchsen, Kojoten und Schakalen ähnelt und nicht mehr dem der Wölfe. Archäologische Funde zeigten zudem, dass bereits in der frühen Domestikationsphase eine signifikante Diversifizierung der Ernährung bei den frühen Hunden stattgefunden haben muss, was ihre heutige große Anpassungsfähigkeit an verschiedene Ernährungsformen erklären könnte. Während Wölfe auf große pflanzenfressende Huftiere spezialisiert waren, unterschied sich die Ernährung der Hunde je nach Region, in der sie in menschlicher Nähe lebten: In Meeresnähe schienen sie sich, analog zu den dort lebenden Menschen, hauptsächlich von Meerestieren ernährt zu haben, in ländlichen Regionen lebten sie dagegen eher von Pflanzen und kleinen Landtieren.[4]

Unabhängig davon, wo auf der Welt Hunde lebten, kann die menschliche Umgebung als die natürliche des Hundes angesehen werden. Es gibt kaum Berichte von Hunden, die ohne menschliche Nähe in freier Wildbahn überlebt haben und selbst heute noch suchen verwilderte Hunde instinktiv die Nähe menschlicher Siedlungen. Es sind auch keine Fälle bekannt, wo Haushunde Rudel bilden und sich ohne menschliches Zutun in der Natur behaupten würden. Daher kann davon ausgegangen werden, dass sie die Fähigkeit, sich im Rudel zu organisieren, weitgehend verloren haben.[5]

Obwohl sich die Fangzähne bei Hunden und Wölfen ähneln, legen weitere Untersuchungen nahe, dass sie grundlegend unterschiedliche Funktionen bei der Nahrungsaufnahme aufweisen. Diese Unterschiede machen sich am deutlichsten bei freilaufenden Hunden bemerkbar, die geschätzt aktuell über 75 Prozent der weltweiten Hundepopulation ausmachen. Auch wenn die Hunde jagen könnten, sind sie in erster Linie einsame Aasfresser, die sich gerne in der Nähe menschlicher Siedlungen aufhalten und sich überwiegend und wahllos von menschlichen Abfällen ernähren. Genaue Analysen der Ernährung freilaufender Hunde haben ergeben, dass diese größtenteils aus Getreide und menschlichem Kot besteht. Wölfe hingegen werden zwar gelegentlich beim Fressen menschlicher Abfälle beobachtet, sie gelten im Vergleich zu Hunden aber als spezialisierte Jäger und jagen oft in Rudeln. Angesichts ihrer schwankenden und oft niedrigen Erfolgsquote, die zwischen zehn und 49 Prozent pro Jagd beträgt, wird davon ausgegangen, dass die Jagd ein außergewöhnliches Maß an Ausdauer und Motivation erfordert. Ein weiterer wichtiger Aspekt ist die Auswirkung von Hunger, der die Präferenzmuster sowohl bei Hunden als auch bei Wölfen beeinflusst. Hunger ist ein Motivationsfaktor und kann dazu führen, dass Tiere neuartige Lebensmittel konsumieren und sogar die Art ihrer Futtersuche sowie das Futter selbst ändern.[6] Diese veränderten Fressgewohnheiten der Hunde wurden durch die globale Urbanisierung verstärkt.[4]

## Die neolithische Revolution

In der neolithischen Revolution vor ungefähr 10.000 bis 12.000 Jahren wurden die Menschen sesshaft und begannen mit dem Ackerbau. Sie gingen nicht mehr jagen und ernährten sich zunehmend von stärkehaltigen Getreideerzeugnissen, die sie selbst anbauten. Studienergebnisse deuten darauf hin, dass in dieser Zeit die Ernährung in einigen Regionen aus pflanzlichen Lebensmitteln bestanden hat und beispielsweise Hirse zu einem Grundnahrungsmittel zählte. Die Domestizierung von Tieren wie Schafen, Ziegen, Rindern und Schweinen führte dazu, dass Fleisch regelmäßiger verfügbar wurde, wobei diese Nutztiere oft eher für die Milch- beziehungsweise Wollproduktion oder als Arbeitstier gehalten wurden als für den Fleischkonsum. Dadurch veränderte sich auch die Ernährung der Hunde, die nun vorrangig aus stärkehaltigen Essensresten bestand.[4] Wie bereits beschrieben, passte sich mit der Zeit die Verdauung der Hunde auf diese Art von Lebensmittel an, sodass sie unter anderem in der Lage waren, das stärkespaltende Enzym Amylase zu produzieren. Untersuchungen zeigen, dass diese genetische Anpassung, die es Hunden ermöglicht, eine stärkereiche statt einer proteinbasierten wolfstypischen Nahrung verdauen zu können, einen entscheidenden Schritt in der Geschichte der Domestizierung darstellte.[3]

## Der Beginn des kommerziellen Hundefutters

Die kommerzielle Hundefuttermittelindustrie entstand im späten 18. Jahrhundert in Großbritannien und gelangte gegen Ende des 19. Jahrhunderts in die USA. In England ursprünglich als nährstoffreiche Kekse beworben, bestehend aus Mehl, Haferflocken, Fleisch und Gemüse, wurden kommerzielle Futtermittel später speziell für Jagdhunde und reinrassige Hunde vermarktet, um deren Leistung auf dem Feld oder im Ausstellungsring zu verbessern. Bald darauf traten Unternehmen mit ähnlichen Produkten und gesundheitsbezogenen Aspekten des Fertigfutters auf den Markt und die kommerzielle Hundefuttermittelindustrie begann stetig zu wachsen. Allerdings war es bis vor 60 Jahren noch üblich, Tischabfälle an Hunde zu verfüttern und erst in der Zeit danach galt es zunehmend als unangemessen, da Hunde nicht nur als Haustiere, sondern immer mehr als Familienmitglieder angesehen wurden. So erfreute sich kommerzielles Futter immer größerer Beliebtheit, während die Ernährungswissenschaften unter anderem durch geschicktes Marketing die richtige Fütterung von Hunden kompliziert erscheinen ließen. Zudem ist nicht von der Hand zu weisen, dass Fertigfutter äußerst praktisch ist und die Fütterung deutlich erleichtert. Darüber hinaus brachte die Industrialisierung der Landwirtschaft Mitte des 20. Jahrhunderts eine Reihe an Innovationen wie etwa Düngemittel, große landwirtschaftliche Maschinen und die Massentierhaltung hervor, was Rohstoffe wie Fleisch und Getreide für Hersteller billig produzierbar machte und zu einer großen Verfügbarkeit des Fertigfutters führte.[7] Fleisch war ab diesem Zeitpunkt kein wertvolles Gut mehr und wurde nicht nur von Menschen in immer größeren Mengen verzehrt, sondern zunehmend auch an Hunde verfüttert, sodass ein hoher Fleischanteil für Hund und Mensch mit der Zeit als Notwendigkeit und Kriterium einer vollwertigen Ernährungsweise angesehen wurde.

Während es seitdem als wichtig und gesundheitlich notwendig angesehen wird, Hunden viel Fleisch zu geben, gab es durchaus einige lange Perioden in der menschlichen Geschichte, in denen Fleisch nicht beziehungsweise nur in sehr geringem Maße verfügbar war. So herrschte während des Ersten und Zweiten Weltkriegs in vielen Ländern Lebensmittelknappheit und Fleisch war oft rationiert oder gar nicht verfügbar. Auch während großer Wirtschaftskrisen wie der Großen Depression in den 1930er Jahren in den USA und anderen Teilen der Welt war Fleisch für viele Menschen ein Luxusgut und wurde nicht weggeworfen oder gar an Hunde verfüttert. Fertiges Hundefutter war für die breite Bevölkerung nicht erschwinglich beziehungsweise wurde es aufgrund der Lebensmittelknappheit nicht hergestellt. In dieser Zeit ernährten sich die Menschen größtenteils von Getreide, Hülsenfrüchten und Gemüse, sodass es die Hunde zwangsläufig auch taten.

Während das Verfüttern von mehr oder weniger fleischhaltigen Essensresten an Hunde jahrhundertelang praktiziert wurde und es nicht wenige fleischfreie Perioden in der Menschheitsgeschichte gab, stieg der Verkauf von fleischbasiertem Hundefutter ab der zweiten Hälfte des 20. Jahrhunderts deutlich an. Aufgrund erfolgreicher Werbekampagnen wird Hundefutter, das Zutaten enthält, die für den menschlichen Verzehr geeignet sind, immer gefragter. Während früher ein Großteil des gesamten Nutztieres vom Menschen gegessen wurde, werden heutzutage immer mehr Teile als Schlachtabfälle definiert, die dann in der Tierfuttermittelindustrie ihre Verwendung finden. Darüber hinaus zeichnet sich qualitativ hochwertiges Hundefutter mittlerweile dadurch aus, dass Muskelfleisch verwendet wird, welches auch noch für die menschliche Ernährung gut genug ist.

Interessanterweise erhöhen viele Hersteller den Anteil an pflanzlichen Proteinen im Hundefutter, um im Gegenzug den Anteil an tierischen Proteinen zu senken. Diese Entscheidung basiert auf rein wirtschaftlichen Aspekten, da pflanzliches Protein günstiger ist als tierisches. Dieser Umstand wird bei vielen Hundehaltern jedoch verpönt, weil in der heutigen Zeit der allgemeine Konsens vorherrscht, Hunde würden viel Fleisch benötigen.[7] Aber ist das wirklich so? Diese Annahme soll nachfolgend näher betrachtet werden.

## Das Darmmikrobiom von Hunden

Der Darm ist nicht nur ein Verdauungsorgan, sondern ein komplexes Ökosystem und Lebensraum für eine Vielzahl an Mikroorganismen wie Bakterien, Viren, Pilze und Protozoen. Ihre Gesamtheit wird als Darmmikrobiom (Darmflora) bezeichnet. Ähnlich wie beim Menschen enthält das Darmmikrobiom von Hunden eine riesige Menge an genetischen Informationen, die weit über das hinausgehen, was im Genom des Hundes selbst enthalten ist. Auch wenn seit langem bekannt ist, dass Schweine einen Magen-Darm-Trakt besitzen, der dem des Menschen ähnelt, belegen neuere Untersuchungen, dass das Mikrobiom des Hundes eine größere taxonomische und funktionelle Überschneidung mit dem menschlichen Darmmikrobiom aufweist, als es beim Vergleich zwischen Menschen und Schweinen oder Mäusen der Fall ist.[8] Im Vergleich zu Menschen, deren Darm im Verhältnis zur Körpergröße etwa fünf- bis sechsmal so lang ist, haben Hunde zudem ein ähnliches Verhältnis zwischen Darm- zu Körperlänge. Dieses Verhältnis ist relevant, um die Verdauungsvorgänge und die Nährstoffaufnahme aus dem Darm besser zu verstehen, wobei der Verdauungstrakt des Hundes im Vergleich zum Menschen weniger komplex ist und eine geringere Zeit für die Verdauung benötigt. Dennoch hat die Ernährungsweise einen großen Einfluss auf die Zusammensetzung des Mikrobioms des Hundes, da es auf veränderte Lebensweisen ähnlich reagiert wie beim Menschen und sich je nach Ballaststoff-, Stärke- und Proteingehalt der Nahrung verändert. Forscher vermuten, dass diese Ähnlichkeit im Zuge ihrer Domestizierung entstanden ist, bei der sie sich den menschlichen und regionalen Ernährungsweisen angepasst haben.[8]

## Die heutige Hundeernährung

Heutzutage wollen viele Menschen die vermeintlichen Bedürfnisse ihrer Hunde bestmöglich erfüllen und setzen ihnen daher oft Futter mit einem hohen Fleischanteil vor. Trotz einer stetig wachsenden kommerziellen Hundefuttermittelindustrie ist seit einigen Jahren ein deutlicher Anstieg an alternativen Fütterungsformen wie etwa der BARF-Fütterung zu verzeichnen.[7] **BARF** steht für „**B**iologisch **A**rtgerechtes **R**ohes **F**utter“ oder auch „**B**ones **A**nd **R**aw **F**ood“. Es handelt sich um eine Ernährungsmethode, bei der rohes Fleisch, Innereien, Knochen, Obst, Gemüse und gelegentlich auch andere Lebensmittel wie Eier oder Milchprodukte gefüttert werden. Die Idee hinter BARF ist es, die Hunde so zu ernähren, wie es ihre Vorfahren – die Wölfe – in freier Wildbahn tun. Unabhängig davon, dass einige Menschen das Futter ihrer Hunde wieder vermehrt selbst zubereiten, herrscht nach wie vor die Meinung, dass sich eine optimale Ernährung für Hunde von ihren Vorfahren, den Wölfen, ableiten lässt und sie somit viel Fleisch benötigen.

Diese Annahme entspricht jedoch nicht eindeutig der ursprünglichen Ernährungsform der Hunde und ist als eine Modeerscheinung der letzten Jahrzehnte zu sehen. Unter Berücksichtigung der historischen Entwicklung vom Wolf zum Hund wurde deutlich, dass im Zeitverlauf der Fleischkonsum eine geringe Rolle in der Hundeernährung gespielt hat. Wie bereits beschrieben, legen zudem wissenschaftliche Untersuchungen nahe, dass die Fähigkeit, Stärke zu verdauen als ein entscheidender Domestikationsschritt des Hundes zu sehen sein könnte.[3]

## Ist es somit artgerecht, den Hund vegan zu ernähren?

Ein Ernährungsvergleich zwischen Hund und Wolf ist somit nicht mehr zeitgemäß, da die Unterschiede in zahlreichen Untersuchungen wissenschaftlich belegt wurden. Da die Abstammungsgeschichte des Hundes vom Wolf nicht zwangsläufig eine fleischlastige Ernährungsweise des Hundes rechtfertigt, könnte unter diesem Aspekt die vegane oder vegetarische Hundeernährung möglicherweise als artgerechter angesehen werden.

Während es für den Wolf artgerecht ist, im Rudel große Beute zu erlegen und nicht den engen Kontakt zum Menschen zu suchen, ist der Hund aus einer jahrtausendelangen Geschichte entstanden, mit der veränderte Fressgewohnheiten, eine enorme Anpassungsfähigkeit und eine veränderte Verdauung einhergingen. Im Gegensatz zu Wölfen erhalten Familienhunde in der Regel Futter, das von Tieren stammt, die sie in freier Wildbahn nicht jagen und auf natürliche Weise verzehren würden. Hinzu kommt eine nicht unbedeutende Vielzahl von meist synthetischen Zutaten, die sie auf natürliche Weise auch nicht finden. Industrielle Verarbeitungsmethoden führen dazu, dass das Fleisch stark verarbeitet und verpackt in Dosen oder als Trockenfutter lange haltbar ist und somit in keiner Weiser einer natürlichen Ernährung entspricht.[9]

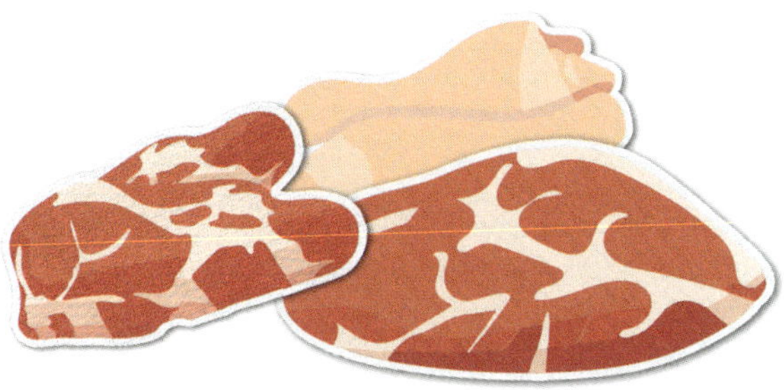

Dass die Ernährungsgewohnheiten von Hunden und Wölfen selbst in freier Wildbahn nicht mehr vergleichbar sind, zeigt die Überpopulation an freilebenden Hunden, welche sich zu einem großen Teil von Getreide, menschlichem Kot und Abfall ernähren. Obwohl sie jagen gehen könnten, bevorzugen sie die menschliche Nähe und eine Ernährungsweise, die dieser ökologischen Nische entspricht. Diese Ernährung ist zwar nicht eindeutig vegan, weist aber deutlich mehr Bezug zu einer veganen oder vegetarischen Fütterungsform auf als zu einer fleischbasierten. Auch wenn nicht von der Hand zu weisen ist, dass Hunde Fleisch bevorzugen und der Hund biologisch gesehen zu den Fleischfressern (Carnivoren) gezählt wird, ist sein Verdauungskanal und Stoffwechsel nicht so stark auf die ausschließliche Aufnahme tierischer Lebensmittel fixiert, wie es bei vielen Carnivoren der Fall ist. Er kann daher unterschiedliche Nahrung zu sich nehmen.[10] Aus diesem Grund ist der Hund mehr mit einem Allesfresser (Omnivor) zu vergleichen, der zwar eine fleischbasierte Ernährung bevorzugt, diese aber ernährungsphysiologisch nicht ausschließlich benötigt. Dass die Kategorisierung in Fleischfresser (Carnivoren) nicht immer auf eine fleischbasierte (carnivore) Ernährungform schließen lässt, zeigt das Beispiel des Pandabären sehr anschaulich. Dieser wird zu den Fleischfressern gezählt, ernährt sich aber rein pflanzlich.

Die Fähigkeit, Stärke zu verdauen und die allgemein sehr hohe Anpassungsfähigkeit der heutigen Hunde legt daher den Ansatz nahe, dass eine vegane oder vegetarische Ernährung weitaus geeigneter für Hunde zu sein scheint, als bisher angenommen wurde.

# 2.

# Die vegane Fütterung – eine gelungene Alternative?

Die vegane Ernährung von Hunden ist eine recht neue Art der Fütterung, weshalb die Studienlage dazu noch keine allgemeingültige Aussage zulässt. So hat eine Übersichtsarbeit aus dem Jahr 2023 ergeben, dass es nur wenige wissenschaftliche Studien zu den Auswirkungen veganer Ernährung auf die Gesundheit von Hunden gibt. Bei allen Studien wurden nur sehr kleine Stichproben genommen, was die Aussagekraft beeinträchtigen könnte. Einige der Studien fanden zudem in Form von Befragungen der Hundebesitzer statt, was möglicherweise zu keinen objektiven Ergebnissen führt, da die Befragten voreingenommen sein könnten.[9] Vorab lässt sich sagen, dass bislang keine gravierenden negativen Gesundheitsfolgen bei einer veganen Fütterung festgestellt werden konnten, ganz im Gegenteil: Einige Studien weisen sogar auf gesundheitliche Vorteile hin.[9, 11] Allerdings kann aktuell eine Wirksamkeit dieser Ernährungsform zur Erhaltung der Hundegesundheit nicht belegt werden.[11]

Dass die vegane Hundeernährung eine gute Alternative zum konventionellen Hundefutter und Barfen ist, zeigt eine aktuelle Studie, die im Jahr 2022 im Journal „PLoS One" veröffentlicht wurde.[12] Diese Studie überprüfte ein Jahr lang den Gesundheitszustand von mehr als 2500 Hunden bezüglich der Fütterungsform. Die hierfür befragten Hundebesitzer stammten größtenteils aus England, gefolgt von Europa, Nordamerika und Australien. Von den Befragten ernährten 54 Prozent ihren Hund mit konventionellem Fleisch, 33 Prozent mit Rohfleisch und 13 Prozent vegan. Als Bewertungsgrundlage wurden sieben Gesundheitsfaktoren festgelegt, darunter etwa die Anzahl an Tierarztbesuchen, Medikamenteneinnahmen sowie die Meinung der Besitzer zum Gesundheitszustand ihres Hundes. Die Forscher kamen zu dem Ergebnis, dass sowohl vegan ernährte als auch gebarfte Hunde weniger beim Tierarzt waren sowie weniger Medikamente benötigten als konventionell gefütterte Hunde. Daraus schlossen sie, dass vegan ernährte und gebarfte Hunde einen vergleichsweise besseren Gesundheitszustand aufwiesen. Zudem deckte sich die tierärztliche Beurteilung mit der Selbsteinschätzung der Hundebesitzer hinsichtlich des Gesundheitszustandes ihrer Hunde. Demnach beurteilten die Besitzer sowie deren Tierärzte die Gesundheit bei konventionell ernährten Hunden deutlich häufiger als problematisch als bei veganen oder gebarften Hunden. Allerdings gab es keinerlei Hinweise auf einen signifikanten Unterschied bei der Gesundheitseinschätzung zwischen vegan ernährten und gebarften Hunden. Die Ergebnisse zeigten außerdem, dass 45 Prozent der untersuchten Hunde gesundheitliche Probleme hatten. Die Wahrscheinlichkeit war jedoch bei den konventionell gefütterten Hunden deutlich höher als bei der Vergleichsgruppe. Und auch hier gab es keine signifikanten Unterschiede zwischen der veganen Hundeernährung und der BARF-Fütterung.

Zu berücksichtigen sind jedoch die Tatsachen, dass in dieser Studie zum einen die gebarften Hunde im Durchschnitt knapp zwei Jahre jünger waren als die vegan ernährten und somit ein Vergleich beider Gruppen nicht aussagekräftig genug ist. Zudem war der Anteil der Hunde, die im letzten Jahr keinen Tierarzt aufgesucht haben und somit gar nicht untersucht wurden, bei gebarften Hunden deutlich höher. Das wirkt sich nicht nur darauf aus, dass diese Hunde aufgrund mangelnder Tierarztbesuche weniger Medikamente erhalten haben, sondern könnte auch zur Folge haben, dass bestehende Krankheiten möglicherweise nicht erkannt wurden und die Hunde somit gesünder erschienen, als sie es eigentlich waren. Dementsprechend lässt sich anhand der Studie nicht konkret beurteilen, ob eine vegane Hundeernährung oder Barfen die bessere Fütterungsform für Hunde ist. Allerdings lassen diese Ergebnisse auch keine Rückschlüsse zu, dass die vegane Ernährung schlechter sei, da sie in vielen Bereichen ebenso gut wie die BARF-Fütterung abschnitt.[12]

Eine weitere aktuelle Studie der Universität Guelph in Kanada, die im Jahr 2022 veröffentlicht wurde, untersuchte die Wahrnehmung von Hundebesitzern in den USA und Kanada hinsichtlich der Gesundheit und des Wohlbefindens ihrer Hunde. Entscheidend war dabei, ob die Hunde fleischbasierten oder mit pflanzlichen Lebensmitteln gefüttert wurden. Ausgewertet wurden hierzu knapp 1200 Fragebögen von Hundebesitzern, die ihre Hunde im Durchschnitt drei Jahre mit der angegebenen Fütterungsform ernährt haben. Etwas über die Hälfte der Hunde wurden fleischbasiert und knapp ein Drittel pflanzlich ernährt. Der Rest der Hunde erhielt eine Kombination aus beidem oder es war keine Ernährungsform bestimmbar. Die Besitzer, die ihren Hund pflanzlich ernährten, berichteten von weniger Gesundheitsstörungen, insbesondere im Hinblick auf Augen-, Magen-Darm-, und Lebererkrankungen. Zudem soll die Lebenserwartung der Hunde, die vegan gefüttert wurden, höher gewesen sein.[11]

In einer Studie im Journal „PLoS One" aus dem Jahr 2021 wurde zudem die Schmackhaftigkeit von fleischbasiertem und veganem Futter anhand von über 2300 Hunden analysiert. Dabei gab es keinen Unterschied zwischen einer veganen, einer konventionellen sowie einer Rohfleisch-Fütterung. Basierend auf diesen von Besitzern berichteten Verhaltensweisen ihrer Hunde deuten die Ergebnisse darauf hin, dass veganes Hundefutter im Allgemeinen mindestens genauso schmackhaft ist wie BARF oder herkömmliches fleischbasiertes Futter, wobei aus der Studie nicht klar hervorgeht, welches Futter die Testhunde erhalten haben. Somit spräche nichts gegen eine vegane Fütterung, sofern die Bedingungen an eine gesunde Ernährung, wie etwa eine gute Nährstoffabdeckung, berücksichtigt werden.[13]

Eine weitere Studie der Universität in Lincoln in England aus dem Jahr 2021 kam hinsichtlich der Schmackhaftigkeit bei einer veganen und fleischbasierten Fütterung auf ein sehr ähnliches Ergebnis. Die Forscher untersuchten je drei Beagles über zwölf Tage, die in diesem Zeitraum entweder ein rein fleischbasiertes oder rein veganes Futter erhielten. Alle Hunde zeigten neben einer hohen und identischen Schmackhaftigkeit zudem keine signifikanten Unterschiede in der Verdaulichkeit von organischem Material, Rohprotein und Rohfett.[14]

Ebenfalls im Jahr 2021 wurde am Institut für Tierernährung in Hannover eine weitere 40-tägige Studie an acht Beagles hinsichtlich der Verdaulichkeit von Roggen durchgeführt. Die Hunde erhielten eine vegane Grundnahrung, die mit Roggen ergänzt wurde und zeigten während des Untersuchungszeitraums keine veränderte Verdaulichkeit. Auch die Akzeptanz des Futters war im Vergleich zur Kontrollgruppe ähnlich. Somit kam die Studie zu dem Ergebnis, dass Roggen als Getreidealternative für Hunde in Frage kommen kann.[15]

Zudem wurde eine Studie zur Verdaulichkeit von Aminosäuren bei einer herkömmlichen pflanzenbasierten Fütterung auf Erbsenproteinbasis im Journal „PLoS One“ im Jahr 2021 veröffentlicht. Hierzu wurde das Blut von 30 vegan ernährten Testhunden nach vier Wochen kontrolliert und festgestellt, dass alle essenziellen Aminosäuren, außer Methionin, bei den Hunden im Vergleich zum Ausgangswert höher waren. Auch der Taurinwert war nach vier Wochen höher und überstieg sogar die Taurinwerte der Kontrollgruppe, die mit einem handelsüblichen traditionellen Futter ernährt wurde. Nach zwölf Wochen wurden weitere Blutwerte geprüft und kein signifikanter Unterschied zur Kontrollgruppe festgestellt. Allerdings wurde berichtet, dass nach zwölf Wochen die Gruppe der vegan ernährten Hunde einen höheren pH-Wert des Urins aufgewiesen hat und drei Hunde sogar über dem Referenzbereich lagen, was vermutlich auf den Mangel an Protein tierischen Ursprungs zurückzuführen ist. Allerdings wurde in dieser Studie lediglich ein einziges veganes Fertigfutter verwendet. Daher sind diese Ergebnisse nicht geeignet, eine allgemeine Aussage hinsichtlich der veganen Ernährung von Hunden zu treffen.[16]

Im Rahmen einer Masterarbeit an der Lithuanian University of Health Science im Jahr 2019 konnten bei 20 langfristig vegan ernährten Hunden hingegen keine nachteiligen Blutwerte ermittelt werden. Die vegan ernährten Hunde waren nachweislich in idealer Körperkondition und wiesen ein normales Verhalten und einen normalen Haut- und Fellzustand auf.[17]

Auch in einer Diplomarbeit aus dem Jahr 2014 an der Universität in Wien, in der ebenfalls 20 Hunde rein pflanzlich ernährt wurden, konnten keine gesundheitlichen Auffälligkeiten bei der tierärztlichen Untersuchung sowie im Blutbild erkannt werden, die mit der Ernährungsform zusammenhängen könnten. Die Ergebnisse der Blutuntersuchung zeigten keine signifikanten Unterschiede bei allen getesteten Parametern zwischen vegan ernährten Hunden und jenen, die eine herkömmliche Fütterung erhielten. Obwohl vermutet wurde, dass die Eisen- sowie Vitamin B12-Werte im Blut bei einer veganen Fütterungsform eher niedrig sein könnten, konnte auch das nicht bestätigt werden.[18]

Eine andere Studie aus dem Jahr 2009 aus dem „British Journal of Nutrition“ untersuchte die Auswirkung einer fleischlosen Fütterung bei zwölf Siberian Huskys, die an Schlittenhunderennen teilnahmen und somit großer körperlicher Belastung ausgesetzt waren. Je sechs dieser Hunde bekamen für zwölf Wochen entweder eine ausschließlich fleischbasierte oder eine fleischlose Fütterung. Beide waren darauf ausgerichtet, alle Nährstoffe abzudecken. Während des Wettkampftrainings wurden die Hunde tierärztlich überwacht und ihre Gesundheitswerte anhand regelmäßiger Blutproben kontrolliert. Die Studie kam zu dem Ergebnis, dass sich alle Hunde in einer ausgesprochen guten körperlichen Verfassung befanden und keine Mangelerscheinungen, Anämien oder andere Gesundheitsprobleme festgestellt werden konnten.[19]

Auch die tierärztliche Vereinigung für Tierschutz e.V. äußerte sich im Jahr 2018 zum Thema der veganen Hundeernährung und schrieb, dass diese im Erhaltungsstoffwechsel von Hunden nach den bisherigen Erkenntnissen ohne erkennbare Schäden toleriert wird. Eine vegane Ernährung von tragenden und laktierenden Hündinnen sowie von Welpen wird hingegen abgelehnt. Allerdings wird ebenfalls der Zusatz gebracht, dass eine solche Ernährungsweise mit synthetischen Ergänzungen möglich ist, wobei Laien in der Handhabung überfordert sein könnten.[20]

Obwohl es zwischen Hundehaltern und Tiergesundheitsexperten einige Meinungsverschiedenheiten gibt, lassen sich durchaus Anhaltspunkte finden, dass Hunde mit einer vollwertigen und ausgewogenen Ernährung ohne tierische Inhaltsstoffe gefüttert werden können. Es ist jedoch anzumerken, dass die Formulierung und Herstellung einer vollständigen und ausgewogenen Ernährung für Hunde schwieriger ist, wenn sie ausschließlich auf nicht-tierische Inhaltsstoffe beschränkt wird.[11]

Zusammenfassend lässt sich festhalten, dass es zum aktuellen Zeitpunkt noch relativ wenige Studien gibt, die die vegane Hundeernährung untersucht haben. Kritisch zu bewerten ist die Tatsache, dass es sich bei einigen Studien zum einen um Befragungen von Hundehaltern handelt, welche die Aussagekraft durch eine mögliche Voreingenommenheit der Befragten verzerren könnte. Zum anderen waren bei einigen anderen Studien die Referenzgruppe teilweise sehr klein, sodass nur schwer allgemeingültige Aussagen getroffen werden können. Problematisch ist es auch, dass bei vielen Studien nicht deutlich wurde, wie genau sich das Futter zusammensetzt und was konkret beispielsweise unter einer veganen oder konventionellen Fütterung zu verstehen ist. Auch gibt es keine Hinweise auf die Qualität des Futters, sodass auch hier kein guter Vergleich zwischen den Fütterungsarten möglich ist.

Das Ergebnis der aktuellen Vergleichsarbeiten lässt vermuten, dass es nur sehr wenige Hinweise auf Nebenwirkungen gibt, die sich aus einer veganen Ernährung bei Hunden ergeben. Zum einen lagen die meisten analysierten Parameter innerhalb der Referenzbereiche und zum anderen wurden bei den meisten Abweichungen neben dem Befund nur selten klinische Symptome gemeldet. Darüber hinaus wird in der breiten Fachliteratur in diesem Bereich zwar häufig auf Bedenken im Zusammenhang mit Nährstoffdefiziten bei beispielsweise Folsäure und Vitamin B12 hingewiesen, jedoch gibt es nur eine begrenzte Anzahl von Studien, in denen diese Ergebnisse gemessen wurden. Somit gibt es dahingehend nur wenig Belege dafür, dass diese Mängel tatsächlich aufgetreten sind. Unabhängig von den Kritikpunkten geben die bereits vorliegenden Studien einen ersten Einblick in diese recht neue Ernährungsform bei Hunden und lassen vorsichtig vermuten, dass sie eine gute Alternative zum konventionellen Fertigfutter und BARF sein könnte: Keine der Studien hat signifikante Nachteile bei der veganen Fütterung von Hunden ergeben und teilweise wird sogar von möglichen gesundheitlichen Vorteilen bei einer veganen Fütterung ausgegangen. Diese Schlussfolgerungen sollten jedoch angesichts der mageren Studienlage mit Vorsicht interpretiert und nicht verallgemeinert werden.[9]

# Die aktuelle Lage zur veganen Hundeernährung

Über die Anzahl der Tierhalter, die auf tierische Produkte verzichten, sei es in der eigenen Ernährung oder in der Ernährung ihrer Haustiere, können derzeit noch keine genauen Aussagen getroffen werden.[21] Es gibt einige Studien und Umfragen, die versuchen, diese Daten zu erfassen, jedoch variieren die Ergebnisse je nach Stichprobengröße, Methodik und Region recht stark und lassen somit keine allgemeingültige Aussage zu. So gingen Studien aus den Jahren 2018 und 2019 davon aus, dass zu diesem Zeitpunkt circa zwei Prozent der Hundebesitzer ihre Tiere vegan ernährten und davon etwa eine Million aus den USA stammten.[11] Da immer mehr Menschen den veganen Lebensstil bevorzugen, ist davon auszugehen, dass die Zahl der Hundebesitzer, die ihre Hunde vegan füttern, immer weiter ansteigen wird.

Im Jahr 2019 wurde im Journal „PLoS One" eine Studie veröffentlicht, die das Ziel verfolgte, die Anzahl der fleischvermeidenden Hunde- und Katzenbesitzer abzuschätzen sowie die Bedenken von Tierhaltern hinsichtlich einer pflanzenbasierten Ernährung zu ermitteln. Die Studie ergab, dass von den über 3600 englischsprachigen Befragten, von denen ein Großteil aus England, den USA, Kanada, Australien, Brasilien und Finnland stammt, 10,4 Prozent angaben, dass sie ihre Hunde teilweise vegetarisch oder vegan ernähren. Nur 1,6 Prozent der Befragten ernährten ihre Hunde hingegen ausschließlich vegan. Folgende Ergebnisse ließen sich aus dieser Studie herleiten.[21]

- Von den rein vegan ernährten Hunden lebten fast alle Besitzer selbst auch vegan und nur eine Person lebte vegetarisch. 75 Prozent der Befragten hatten Bedenken hinsichtlich einer rein pflanzlichen Tiernahrung, da Unklarheiten über die ernährungsphysiologische Vollständigkeit dieser Ernährungsform bestanden.
- Von den Tierbesitzern, die ihren Hunden derzeit kein pflanzliches Futter gaben, aber Interesse daran bekundeten, wünschten sich 45 Prozent mehr Informationen zur Eignung dieser pflanzlichen Ernährungsform.
- Es zeigte sich zudem, dass sich 39 Prozent der Befragten, die eine fleischbasierte Ernährung wählten, Sorgen um das Wohlergehen der Nutztiere machten.

Angesichts der Tatsache, dass die von den befragten veganen und vegetarischen Tierhaltern geäußerten Bedenken hinsichtlich einer fleischbasierten Fütterung offenbar dieselben Bedenken sind, die sie hinsichtlich tierischer Produkte in ihrer eigenen Ernährung hegen, gehen die Forscher davon aus, dass sich eine große Zahl dieser Tierhalter wahrscheinlich eine alternative Ernährung für ihre Haustiere wünscht.

Bereits 2013 fand eine Studie der Bellarmine University in den USA mit über 500 Befragten heraus, dass vor allem Veganer ihre Haustiere eher vegetarisch beziehungsweise vegan ernährten und die größten Bedenken gegenüber einer tierischen Ernährung äußerten. Für Veganer ist die Frage, was sie ihrem Haustier füttern sollen, ein Dilemma zwischen zwei Sachverhalten: dem Wohlergehen ihrer Haustiere und dem

Schutz und Wohlergehen der Nutztiere und der Umwelt.[22]

Die bereits erwähnte Studie im Journal „PLoS One" aus dem Jahr 2022 ermittelte, dass 13 Prozent der über 2500 befragten Besitzer ihre Hunde vegan ernähren, was einen enormen Anstieg zum Jahr 2019 darstellen würde. Ein Großteil der Befragten stammt aus England, gefolgt von Europa, Nordamerika und Australien.[12] Allerdings sind diese Untersuchungsergebnisse und Schätzungen mit sehr viel Vorsicht zu genießen, da sie keine aussagekräftigen Rückschlüsse zu der tatsächlichen Anzahl an Hundebesitzern zulassen, die ihre Hunde vegan ernähren. Die Tatsache, dass viele Befragte aus England stammen, ist aus folgendem Grund sehr interessant: Aktuellen Medienberichten zufolge soll die vegane und vegetarische Ernährung von Hunden in England nämlich verboten sein und mit einer Geldstrafe von 20.000 britischen Pfund geahndet werden.

Richtig ist, dass es in England ein Gesetz namens Animal Welfare Act 2006 gibt, das die Haltung und den Schutz von Tieren regelt. So besagt die neunte Klausel „Duty of person responsible for animal to ensure welfare", dass jede Person, die für ein Tier verantwortlich ist, sich verpflichtet, dafür zu sorgen, dass das Wohlergehen des Tieres gewährleistet wird. Dies beinhaltet die Bereitstellung einer angemessenen Umgebung, einer geeigneten Ernährung, die Möglichkeit zur Ausübung normaler Verhaltensweisen sowie Schutz vor Schmerzen, Leiden, Verletzungen und Krankheiten. Ferner heißt es, dass eine Person eine Straftat begeht, wenn sie nicht sicherstellt, dass die Bedürfnisse eines Tieres, für das sie verantwortlich ist, in dem geforderten Maße erfüllt werden.

Das Gesetz definiert somit die geeignete Ernährung als eines der Bedürfnisse von Tieren. Es gibt jedoch keinen spezifischen Abschnitt im Animal Welfare Act 2006, der ausdrücklich eine vegetarische oder vegane Ernährung für Hunde erwähnt oder gar ausschließt. Stattdessen betont das Gesetz die Notwendigkeit einer geeigneten Ernährung, die alle Ernährungsbedürfnisse des Hundes deckt.[23]

Die Gesetzeslage in England unterscheidet sich hinsichtlich der veganen Hundeernährung nicht wesentlich von der deutschen, da auch hier nicht explizit eine vegane oder vegetarische Ernährungsweise geregelt ist.

### Das Tierschutzgesetz Paragraph 2 besagt:

„Wer ein Tier hält, [...], 1. muss das Tier seiner Art und seinen Bedürfnissen entsprechend angemessen ernähren, [...] 3. muss über die für eine angemessene Ernährung, [...] des Tieres erforderlichen Kenntnisse und Fähigkeiten verfügen".[24]

Dementsprechend kann in England sowie in Deutschland durchaus darüber diskutiert werden, was eine geeignete beziehungsweise angemessene Ernährung des Hundes laut gesetzlicher Grundlage bedeutet. Hier liegt es nahe, die Tatsache heranzuziehen, dass der Hund zur biologischen Ordnung der Fleischfresser (Carnivoren) zählt und entsprechend fleischlastig ernährt werden sollte. Da inzwischen jedoch bekannt ist, dass sich die Ernährung und Verdauung des Hundes von der des carnivoren Wolfes unterscheidet, ist der Hund eher als Allesfresser (Omnivor) beziehungsweise als fleischbetonter Allesfresser (Carni-Omnivor) einzustufen. Ob dies eine vegane Fütterung begründet, bedarf sicherlich noch weiterer Forschungen.

Dass ein Hundefutter den Bedürfnissen von Hunden entsprechen sollte, ist keine hervorzuhebende Anforderung an die vegane Fütterung, da Hunde nicht selten auch bei fleischbasierter Fütterung Nährstoffdefizite zeigen. Generell sollte nicht nur bei einer veganen Fütterungsform darauf geachtet werden, dass der Nährstoffbedarf gedeckt wird, um sicherzustellen, dass Hunde keine Mangelerscheinungen erleiden. Daher kann unter Umständen auch eine fleischlastige Ernährungsform den Bedürfnissen des Hundes nicht entsprechen und in diesem Fall als ungeeignet bezeichnet werden.

Zusammenfassend lässt sich festhalten, dass die vegane Hundeernährung als ein Trend anzuerkennen ist, der in den letzten Jahren zunehmend an Bedeutung gewonnen hat. Aufgrund der Tatsache, dass immer mehr Menschen einen nachhaltigen oder sogar veganen Lebensstil praktizieren, ist diese Ernährungsform als eine ernstzunehmende Fütterungsalternative anzusehen.

## Wie die Veterinärmedizin eine vegane Ernährung sieht

Für eine fachlich fundierte Einschätzung zum Thema vegane Hundeernährung erklärte sich Tierärztin Cornelia Kolo für ein Interview bereit.

### Wann würden Sie eine vegane Fütterung auf keinen Fall empfehlen?

Bei Welpen, heranwachsenden Hunden und Hunden mit Erkrankungen, die die Zufuhr von hochwertigen und leicht verdaulichen Proteinen erfordern, ist eine vegane Ernährung nicht zu empfehlen. Bisher gibt es wenig wissenschaftliche Erkenntnisse über die tatsächliche Verwertung der in einer veganen Ernährung aus pflanzlichen Proteinen zur Verfügung gestellten Aminosäuren.

Bei Hunden mit einem hohen Bedarf an essenziellen Aminosäuren, zum Beispiel im Wachstum oder bei trächtigen Hündinnen, besteht ein hohes Risiko für eine Mangelversorgung. Dadurch kommt es ganz allgemein zu Blindheit der neugeborenen Welpen, Wachstumsverzögerungen, Durchfällen und Trägheit. Aber auch Schäden an den Gelenkknorpeln und dem Skelett sind wahrscheinliche Folgen einer Unterversorgung. Je nach fehlender essenzieller Aminosäure kommt es außerdem noch zu Anämien, Immunsystemdefiziten, stumpfem Fell und Gewichtsverlust.

Bei Hunden, die in einem Hochleistungsbereich eingesetzt werden, zum Beispiel im Rennsport, sollte bei einer veganen Ernährung zumindest der Gesundheitszustand sehr engmaschig kontrolliert werden, um mögliche gesundheitliche Probleme frühzeitig zu erkennen.

Bei der Überlegung, ob man seinen Hund auf eine vegane oder vegetarische Ernährung umstellt, sollte auch die Rasse und deren Ursprung mit einfließen. So hat zum Beispiel der Husky eine geringere genetische Anpassung an die Stärkeverdauung als andere Rassen.[25] Andere Hunderassen, die sich in einem ursprünglicheren Umfeld ohne große Landwirtschaft entwickelt haben, haben möglicherweise auch eine geringe Amylase-Aktivität (Enzym zur Stärkeverdauung). Bei solchen Rassen oder Rassen, die sich direkt aus Kreuzungen mit dem Wolf gebildet haben, würde ich die Umstellung auf eine kohlenhydratreiche oder sogar rein pflanzliche Ernährung nur aus zwingenden Gründen in Erwägung ziehen.

### Wann würden Sie eine vegane Fütterung in jedem Fall empfehlen?

Ich finde es sehr schwierig eine pauschale Empfehlung für eine vegane Fütterung zu geben. Jeder Hund ist individuell und einfach zu sagen, dass alle Hunde mit dieser oder jener Erkrankung oder alle gesunden Hunde einer Altersgruppe auf jeden Fall mit einer veganen Fütterung zurechtkommen, wäre falsch. Es gibt jedoch Krankheitsbilder, bei denen eine vegane oder zumindest vegetarische Ernährung durchaus sinnvoll und förderlich sein kann und erfolgreich durchgeführt wird.

Das vermutlich häufigste Krankheitsbild, weswegen auf eine vegane oder vegetarische Ernährung umgestellt wird, ist eine Futtermittelunverträglichkeit. Dabei sind insbesondere Proteine verschiedenster Tierarten vorrangig Symptomauslöser und es muss auf alternative Proteinquellen zurückgegriffen werden.[26] Bei manchen Patienten bleiben nur noch sehr exotische oder auch keine tierische Proteinquellen übrig und man muss auf pflanzliche Proteine oder Insektenprotein zurückgreifen.

Neben den Unverträglichkeiten machen auch manche erworbene Lebererkrankungen oder ein kongenitaler portosystemischer Lebershunt (angeborene Gefäßanomalie an der Leber), der konservativ behandelt werden soll, eine fleischreduzierte oder fleischfreie Ernährung notwendig.[27] Das bedeutet aber keinesfalls, dass eine spezielle Diät für jeden Hund mit diesem Erkrankungsbild die richtige Lösung ist. Es muss immer individuell entschieden werden!

In allen Krankheitsfällen sind eine gesicherte Diagnose, regelmäßige Verlaufskontrollen und eine enge Zusammenarbeit mit dem behandelnden Tierarzt und Ernährungsberater unerlässlich, um die bestmögliche Therapie für den Hund zu garantieren.

### Ist eine pflanzliche und kohlenhydratreiche Fütterung nicht total ungesund für Hunde? Es heißt doch beim Barfen immer wieder, Kohlenhydrate seien überflüssig.

Unter den Barfern herrscht tatsächlich Uneinigkeit, ob Kohlenhydrate in einer BARF-Ration erlaubt sind oder nicht. Da Kohlenhydrate nur in gekochter Form gefüttert werden, sind diese in der klassischen Rohfleisch-Ration nicht enthalten. Die wichtigen Aufgaben der Kohlenhydrate in der Ernährung sollten jedoch nicht außer Acht gelassen werden.

Durch Erhitzen, sowohl durch Kochen als auch durch die Herstellung von Flocken, wird die Stärke aufgeschlossen und kann als reichhaltige Energiequelle genutzt werden. BARF-Rationen sind durch den hohen Fleischanteil sehr protein- und phosphatreich, was zu einer Belastung der Nieren werden kann. Wird ein Teil der Fleischration durch Kohlenhydrate wie Kartoffeln oder Reis ersetzt, dann lässt sich diese Belastung reduzieren.

Es gilt auch zu beachten, dass es im Laufe der Zeit zu einer genetischen Anpassung des Verdauungstraktes des Hundes an die Verdauung von Stärke gekommen ist. Unter den verschiedenen Rassen und auch bei einzelnen Hunden einer Rasse kann es zu einer unterschiedlichen Ausprägung dieser Fähigkeit kommen. Deshalb muss bei der Rationsgestaltung individuell auf den einzelnen Hund eingegangen werden.[28]

## Ist es denn überhaupt möglich, dass der Hund durch eine vegane Fütterung alle Nährstoffe bekommt, die er braucht? Beim Barfen ist das ja gewährleistet.

Keine Ernährungsform ist per se bedarfsgerecht und versorgt den Hund mit allen Nährstoffen. Auch fertige Futtermittel aus der Industrie müssen nicht zwangsläufig bedarfsdeckend sein. Ein kritischer Blick auf die Zusammensetzung sollte bei der Auswahl eines Futters oder einer Ernährungsform immer dazu gehören.

Man muss bedenken, dass es 18 bis 24 Monate oder länger dauern kann, bis sich die Folgen einer Mangel- oder Überversorgung mit Nährstoffen zeigen, abhängig von den betroffenen Nährstoffen und dem Maß der Abweichung. Dabei sind äußerlich sichtbar meist nur Fellveränderungen zu erkennen, während sich die dramatischeren Folgen im Körper der Hunde manifestieren. Die Entstehung von Harnsteinen, Beeinträchtigung des Immunsystems und die Entmineralisierung der Knochen sind schleichende Prozesse, die in einem chronischen Verlauf entstehen. Daher erscheint auch eine unzureichende Diät erst mal sehr gut.

BARF-Rationen betreffend gibt es mittlerweile zahlreiche Untersuchungen und Erkenntnisse zu möglichen Nährstoffmängeln. In verschiedenen Studien wurden von Hundebesitzern eingesandte BARF-Rationspläne, online verfügbare BARF-Rationen und fertige BARF-Pakete kalkulatorisch durchgerechnet. Nur ein kleiner Teil der Rationen war im Bereich des Calciumgehaltes, aber auch bei den Spurenelementen oder anderen Nährstoffen, bedarfsdeckend. Auch die Energiemenge wich häufig vom tatsächlichen Bedarf ab.[29]

So, wie zu einer BARF-Fütterung mehr Zutaten als nur etwas Fleisch, ein bisschen Gemüse und ein paar Kräuter gehören, muss auch eine vegane oder vegetarische Ration passend zusammengestellt werden. Die Besonderheit hierbei ist, dass die vegane Fütterung auch auf Gehalt und passende verhältnismäßige Zusammensetzung der essenziellen Aminosäuren überprüft werden muss. Zusätzlich können diese Futterrationen natürlich von den gleichen Defiziten betroffen sein wie jede andere Rationszusammenstellung.

## Ist es nicht tierschutzrelevant, Hunden die eigene Ernährungsphilosophie aufzuzwingen?

Die Frage, ob es ethisch vertretbar ist, Hunden eine bestimmte Ernährungsphilosophie aufzuzwingen, ist komplex und hängt von verschiedenen Faktoren ab. Die Gesundheit und das Wohlbefinden des Hundes sollten dabei immer an erster Stelle stehen! Als Hundehalter haben Sie die Verantwortung, Ihren Hund artgerecht unterzubringen, zu beschäftigen und auch zu ernähren.

Die vegane Ernährung für Hunde ist ein relativ neues Konzept und es gibt diesbezüglich noch viele offene Fragen. Einige Studien deuten darauf hin, dass eine gut ausbalancierte vegane Ration für Hunde gesund sein kann. Es ist jedoch wichtig zu betonen, dass diese Ergebnisse auf Umfragen mit subjektiven Eindrücken basieren oder die Untersuchungen nur an einem kleinen Pool Hunden und über kurze Zeit durchgeführt wurden. Es sind auf jeden Fall noch weitere Forschungen notwendig, um diese Ergebnisse zu bestätigen und Erkenntnisse über die möglichen langfristigen Folgen einer veganen Diät zu erlangen.

Zusammenfassend lässt sich sagen, dass es möglich sein könnte, Hunde gesund mit einer veganen Diät zu ernähren, aber es sind weitere Forschungen erforderlich. Es ist wichtig, dass die Entscheidung für eine bestimmte Ernährungsform immer auf den individuellen Bedürfnissen des Hundes basiert und nicht ausschließlich auf der Ernährungsphilosophie des Besitzers.

### Wäre denn dann eine vegetarische Ernährung des Hundes nicht viel gesünder als eine vegane? Hier gäbe es doch viel mehr Möglichkeiten zu einer abwechslungsreichen Ernährung.

Eine vegetarische Ernährung ist näher an der natürlichen Ernährung des Carni-Omnivoren Hundes, aber sie muss nicht zwangsläufig gesünder sein. Bei dieser gilt das Gleiche wie beim Vergleich zwischen dem Barfen und der veganen Ernährung. Es kommt auf die ausgewogene, bedarfsgerechte Nährstoffzusammensetzung in der Ration an. Möchte man unbedingt Fleisch in der Ernährung seines Hundes vermeiden, dann ist ernährungsphysiologisch eine vegetarische Ernährung geeigneter als eine rein pflanzliche Diät.

Es ist leichter und natürlicher, die benötigten essenziellen Aminosäuren, die besonders in tierischen Proteinquellen im richtigen Verhältnis zu finden sind, in der Ration durch Milchprodukte oder Eier zu ergänzen.

Beim Einsatz von Milchprodukten muss die Laktoseverträglichkeit des einzelnen Hundes berücksichtigt werden. Außerdem kann der Calciumbedarf eines erwachsenen Hundes, anders als bei uns Menschen, nicht allein über den Zusatz von Milchprodukten abgedeckt werden. Dies darf nicht außer Acht gelassen werden. Eier werden von Hunden meist sehr gerne gefressen. Ihr hoher Gehalt an essenziellen Aminosäuren und fettlöslichen Vitaminen im Eidotter macht sie zu einer guten vegetarischen Alternative im Hundenapf.

In jedem Fall ist es entscheidend, den Rat eines Ernährungsexperten einzuholen, um sicherzustellen, dass die Ernährung des Hundes alle notwendigen Nährstoffe in ausreichenden Mengen enthält, unabhängig davon, ob es sich um eine vegetarische oder vegane Ernährung handelt.

## Wie kann ich also sichergehen, dass mein Hund mit einer veganen Ernährung gesund ist?

Zunächst muss gesagt sein, dass es keine generelle Sicherheit bei der Fütterung einer veganen Ration gibt, da dazu die Studienlage noch zu lückenhaft in diesem Bereich ist. Es empfiehlt sich zudem immer eine Ernährungsberatung durch geschulte Fachleute. Diese können einen individuell abgestimmten Plan erstellen und auch auf besondere Bedürfnisse des einzelnen Hundes eingehen. Außerdem sollte bei der Entscheidung für einen geeigneten Ernährungsberater auf eine fundierte und seriöse Ausbildung durch anerkannte Institutionen geachtet werden.

Gerade bei einer veganen Futtergestaltung sollten regelmäßige Gesundheitschecks beim Tierarzt dazu gehören: Sechs bis zwölf Monate nach einer Umstellung auf eine vegane Ration sollte eine allgemeine Blutuntersuchung (Blutbild und Organcheck) und bestenfalls auch ein sogenanntes Barf-Profil erfolgen. Beim Barf-Profil werden relevante Mineralstoffe und Vitamine im Blut gemessen, die möglicherweise einer Mangelversorgung unterliegen könnten, wie beispielsweise Calcium, Vitamin A oder Vitamin D. Auch die Vitamin B12-Versorgung sollte überprüft werden, da dieses in pflanzlichen Nahrungsmitteln nicht enthalten ist und unbedingt ergänzt werden muss. Da Mangelversorgungen je nach Ausprägung erst sehr spät im Blut und oft noch später äußerlich sichtbar werden, ist eine regelmäßige Wiederholung der Gesundheitschecks unbedingt zu empfehlen.

## Wie stehen Sie zur veganen Hundeernährung?

Wenn wir uns bei der eigenen Ernährung Gedanken zur Nachhaltigkeit machen, dann kommen wir natürlich nicht umhin, langfristig auch die Ernährung unserer Haustiere unter die Lupe zu nehmen. Barf-Rationen oder Futtermittel mit einem sehr hohen Fleischanteil sind keinesfalls ressourcenschonend und werden von unseren domestizierten Hunden mit ihren angepassten Verdauungssystemen in dieser Form auch nicht benötigt.

Ich denke, langfristig werden wir nicht darum herumkommen, die Fleischmengen in den Mahlzeiten unserer Hunde zu reduzieren. Eine Studie aus der Schweiz zum Thema $CO_2$-Emission in der Tierhaltung zeigt uns, dass eine Reduktion des Fleischanteils in der täglichen Ration um 25 Prozent und die vermehrte Verwendung tierischer Abfallprodukte wie Innereien und Fleischabschnitte die $CO_2$-Emission um etwa die Hälfte reduzieren würde.[30]

Da sich der Gedanke der Nachhaltigkeit in der Gesellschaft immer mehr durchsetzt, dürfen auch wir Tierärzte uns vor dem Trend nicht verschließen. Natürlich entspricht es nicht der natürlichen Ernährung unseres Hundes, Soja zu fressen. Dennoch müssen wir uns meiner Meinung nach ausgiebiger mit dem Thema vegetarische und vegane Hundeernährung auseinandersetzen. Nur so können wir den Trend positiv in eine für den Hund gesunde und bedarfsgerechte Richtung beeinflussen.

Wichtig sind hierbei auf jeden Fall geeignete Langzeit-Studien, die den Einfluss pflanzlicher Proteinquellen auf den Körper des Hundes untersuchen. Leider fehlen diese aktuell noch, da Forschungen in diesem Bereich eine Blutentnahme beim Hund erfordern und diese in manchen Ländern, unter anderem Deutschland, als genehmigungspflichtige Tierversuche gelten. Diese werden nur in unerlässlich notwendigen Fällen genehmigt. Da es zahlreiche andere Möglichkeiten der Ernährung der Hunde gibt, ist hier kein solcher Fall gegeben.

Bereits bestehende Untersuchungen kommen tendenziell zu dem Schluss, dass eine vegane Ernährung des Hundes mit einer gut ausbalancierten veganen Ration durchaus möglich ist. Wie oben schon erwähnt, besteht aber noch dringender Forschungsbedarf zu den möglichen langfristigen Folgen einer Ernährung mit rein pflanzlichen Proteinen.

Jeder sollte sich jedoch die Frage stellen, ob er als Hundehalter seinen Hund ohne zwingenden Grund auf eine Weise ernähren möchte, die nicht seinem Naturell entspricht. Dabei sind große Fleischmengen keinesfalls nötig, um unsere Hunde gesund zu ernähren. Wir müssen langfristig eine gesunde Balance zwischen den Bedürfnissen des Hundes, dem Wunsch nach mehr Tierwohl der Nutztiere und dem ökologischen Fußabdruck unserer Haustiere und ihres Futters finden.

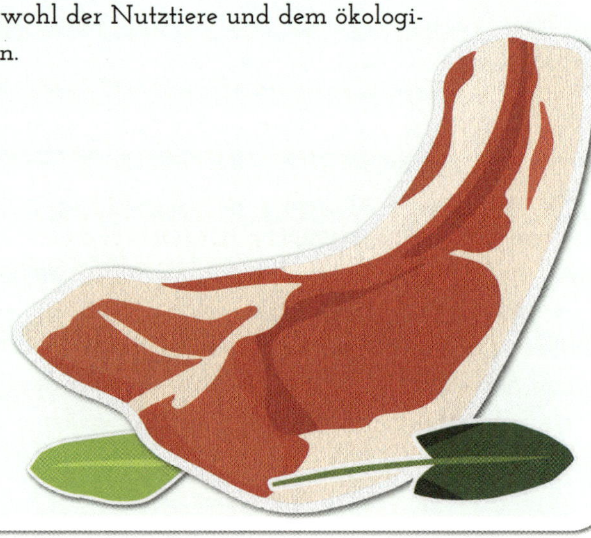

## Erfahrungsberichte zur veganen Hundeernährung

Ich selbst (Andrea Kleist) bin vegane Ernährungsberaterin für Hunde und begleite seit geraumer Zeit Hundebesitzer bei der Umstellung auf eine vegane Fütterung ihrer Hunde. Der Großteil meiner Kundenhunde hat mit starken Allergien oder Unverträglichkeiten zu kämpfen, die sich beispielsweise in Form von chronischen Verdauungsbeschwerden, Hautproblemen oder Entzündungen der Augen, Ohren oder Analdrüsen äußern. Aber auch Hunde mit Gastritis, Pankreatitis, Sodbrennen und anderen gesundheitlichen Beschwerden werden in meiner Sprechstunde vorgestellt. Welche Symptome die Hunde auch zeigen – die Lösung ist oft immer die gleiche: Die Umstellung auf selbst gekochte, vegane Rationen in Kombination mit einer gezielten, natürlichen Stärkung des Immunsystems bringen den meisten Hunden erstaunliche Besserung und nicht selten können sogar einige Medikamente dauerhaft abgesetzt werden. Dass ich mit meinen Erfahrungen nicht alleine bin, zeigen diverse Erfahrungsberichte:

Das wohl bekannteste Beispiel ist der Border-Collie Bramble, der laut Berichten ausschließlich vegan ernährt wurde und mit seinen 25 Jahren ein ungefähr doppelt so hohes Alter erreicht hat wie andere Hunde seiner Rasse. Er soll hauptsächlich mit braunem Reis, Linsen, Hefeflocken, gemischtem Gemüse und Soja gefüttert worden sein.[31]

Auch der Tierarzt Dr. med. vet. Uwe Romberger äußert sich sehr positiv zur veganen Hundeernährung. Laut seinen Aussagen seien Proteinunverträglichkeiten und Allergien gegen tierische Produkte bei Hunden inzwischen sehr weit verbreitet, sodass pflanzliche Proteine eine sehr gute und gesunde Alternative darstellen. Auch wenn diese Fütterungsform, wenn man auf selbst gekochte Rationen setzt, etwas aufwändiger ist und Zeit in Anspruch nimmt, soll sie nachweislich die gesündeste Ernährung für Menschen und Hunde sein.[32] Auch sei vor allem bei Erkrankungen von Nieren, Leber, Bauchspeicheldrüse und des Verdauungsapparates eine angepasste vegane Ernährung von Vorteil, genauso wie bei Harnsteinen, Entzündungen aller Art, Allergien und Futterunverträglichkeiten.[33]

Dr. med. vet. Christine Iben, die an der Veterinärmedizinischen Universität Wien für den Forschungsbereich Kleintierernährung zuständig ist, sieht es ebenfalls als prinzipiell möglich an, erwachsene, gesunde Hunde vegan zu ernähren. Da ihr Stoffwechsel eher einem Alles- als einem reinen Fleischfresser entspricht, können sie sich sehr gut an eine vegane Nahrung anpassen. Laut ihrer Aussage benötigen aber selbst zubereitete, vegane Rationen ein entsprechendes Wissen und eine Anreicherung des Futters mit speziellen Nährstoffen, da einige von ihnen nicht ausreichend in pflanzlichen Lebensmitteln vorhanden sind. Während bei erwachsenen Hunden der Protein- und Aminosäurenbedarf durch Sojaprodukte gedeckt werden kann, sind andere Proteinquellen dahingehend zu überprüfen. Zudem stuft sie die Sinnhaftigkeit eines sogenannten BARF-Profils, eine Blutuntersuchung auf mögliche Mangelerscheinungen, als fragwürdig ein, da viele Werte nicht aussagekräftig sind. Aus diesem Grund sieht sie eine genaue Rationsüberprüfung generell als wesentlich sinnvoller an, wobei bei vegan ernährten Hunden eine Überprüfung einiger Blutparameter aufgrund einer möglicherweise geringeren Verfügbarkeit der Nährstoffe eventuell doch in Erwägung gezogen werden könnte. Zu den Nährstoffen, die möglicherweise nicht ausreichend vorliegen könnten, zählen unter anderem Vitamin B12, Vitamin D, Eisen, Jod, Folsäure.[34]

Nicht zuletzt hat sich auch Martin Rütter zu diesem Thema geäußert: Während er zugibt, dass er sich zunächst über diese Fütterungsform lustig gemacht hat, beschäftigt er sich nun intensiv mit der veganen Hundeernährung sowie insektenbasiertem Hundefutter und findet es wichtig, dieses Thema anzugehen. Dabei argumentiert er vor allem mit dem umweltbezogenen und ethischen Aspekt und entkräftet das Argument, dass ein Hund Fleisch für eine artgerechte Haltung bräuchte. Denn dann müsste man ihn „frei rennen lassen, er soll drei Rehe jagen, soll den Nachbarshund angreifen und ein eigenes Rudel haben". Somit lautet sein Fazit: „Wir können einen Hund gar nicht artgerecht halten."[35]

# 3.

# Veganes Frischfutter vs. BARF

Die vegane Fütterung basiert auf verschiedenen pflanzlichen Nahrungsbestandteilen und zeichnet sich durch eine große Vielfalt an verschiedensten Zutaten aus. Hülsenfrüchte, Getreide, Pseudogetreide (Körner, die botanisch gesehen nicht zum Getreide zählen, wie beispielsweise Quinoa) sowie Gemüse und Obst sind einige Möglichkeiten, aus denen sich eine vegane Ration zusammensetzen kann. Ergänzt um Nüsse, Samen und Kerne sowie hochwertige pflanzliche Öle und weitere Ergänzungsmittel vervollständigen eine vegane Ration optimal.

Beim Barfen hingegen lassen sich die Hauptzutaten in zwei Gruppen einteilen, in die tierischen sowie die pflanzlichen Bestandteile. Der tierische Anteil liegt dabei zwischen 70 und 90 Prozent und setzt sich unter anderem aus rohem Fleisch beziehungsweise Fisch, Knorpeln, Knochen und Innereien zusammen. Die restlichen zehn bis 30 Prozent werden durch pflanzliche Erzeugnisse wie Gemüse, Obst und / oder Pseudogetreide oder Getreide ergänzt. Auch Eier oder Milchprodukte werden als gute Alternative genannt, wobei letztere keine in der Natur vorkommenden Nahrungsmittel für Hunde beziehungsweise Wölfe sind und der Anteil nicht mehr als fünf Prozent der Gesamtration ausmachen sollte.[36]

Während die BARF-Fütterung den Ansatz vertritt, mit dieser Ernährungsform ein Beutetier bestmöglich nachbilden zu wollen, um der ursprünglichen Ernährung des Wolfes recht nahe zu kommen, basiert die vegane Fütterungsalternative auf einem gänzlich anderen Ansatz. Hier stehen ethische Aspekte sowie Umweltschutz und die Wahrung des Wohls aller Tiere im Vordergrund, sodass auf dieser Basis das Ziel verfolgt wird, mit einer pflanzlichen Fütterung eine bedarfsdeckende und vollwertige Mahlzeit für den Hund zusammenzustellen.

Der große Vorteil eines frisch zubereiteten veganen Futters und einer BARF-Ration ist, dass beide Fütterungsformen auf naturbelassene und frische Lebensmittel zurückgreifen. Im Vergleich zum konventionellen Fertigfutter werden dem Hund dadurch Nahrungsmittel geboten, die nicht hoch verarbeitet sind und somit noch viele wertvolle Inhaltsstoffe wie beispielsweise sekundäre Pflanzenstoffe und Antioxidantien beinhalten. Allerdings weisen beide Ernährungsarten auch gravierende Unterschiede auf.

## Nutztierhaltung als große Umweltbelastung

Laut Statistischen Bundesamtes verbraucht die heutige Nutztierhaltung erhebliche Mengen an Landfläche und Wasser, beeinträchtigt Böden sowie die Wasserqualität und emittiert Treibhausgase, die den Klimawandel fördern. Mit der ansteigenden Weltbevölkerung und dem wachsenden Wohlstand in den aufstrebenden Ländern haben sich auch die Ernährungsmuster verändert. Optimierungen in der Landwirtschaft haben zusätzlich dazu geführt, dass nicht nur große Mengen an tierischen Produkten hergestellt werden, sondern dass diese auch extrem günstig angeboten werden können, was die Nachfrage steigen lässt. Um diesem enormen Bedarf an Fleisch und anderen tierischen Erzeugnissen gerecht zu werden, hat sich die globale Tierzucht erheblich ausgedehnt. So stieg beispielsweise die Anzahl der gehaltenen Hühner vom Jahr 2001 bis 2021 um 79 Prozent und auch die Population von Rindern, Schafen, Enten und Ziegen nahm beträchtlich zu. Insgesamt wurden im Jahr 2021 weltweit rund 357,4 Millionen Tonnen Fleisch erzeugt, was einem Anstieg um 51 Prozent gegenüber dem Jahr 2001 entspricht.[37]

Ein Report des UN Environment Program (Umweltprogramm der Vereinten Nationen) aus dem Jahr 2021 stellte fest, dass die Artenvielfalt schneller abnimmt als jemals zuvor in der Geschichte der Menschheit und die Tierhaltung weltweit bereits 78 Prozent der Agrarflächen einnimmt. Die fortschreitende Ausdehnung der Acker- und Weideflächen zerstört somit nicht nur die natürlichen Lebensräume, sondern trägt erheblich zum Verlust der Biodiversität bei.[38]

Den größten Flächenanteil brauchen jedoch nicht die Tiere selbst, sondern ihr Futter, da die Proteinversorgung vor allem durch Soja aus Südamerika gedeckt wird. So wird beispielsweise ein Großteil des angebauten Sojas für die Fütterung von Tieren verwendet und nur ein sehr geringer Prozentsatz für den menschlichen Verzehr.[39] Problematisch in diesem Zusammenhang ist zudem die Tatsache, dass das in einer Monokultur angebaute Soja Unmengen an Pestiziden erfordert, was sich ebenfalls negativ auf die Umwelt und die Tiergesundheit auswirkt.[40]

Die folgende Infografik veranschaulicht die Landfläche, die für die Herstellung von 100 Gramm Protein benötigt wird. Somit wird deutlich, dass vor allem die Herstellung von Rindfleisch einen enormen Anteil an Fläche beansprucht, wohingegen Tofu und Getreide im Verhältnis sehr wenig benötigen.[41]

Abbildung 1:

**Landverbrauch pro 100 Gramm Protein**

Der Flächenverbrauch wird in Quadratmetern ($m^2$) pro 100 Gramm Protein in verschiedenen Lebensmitteln gemessen.

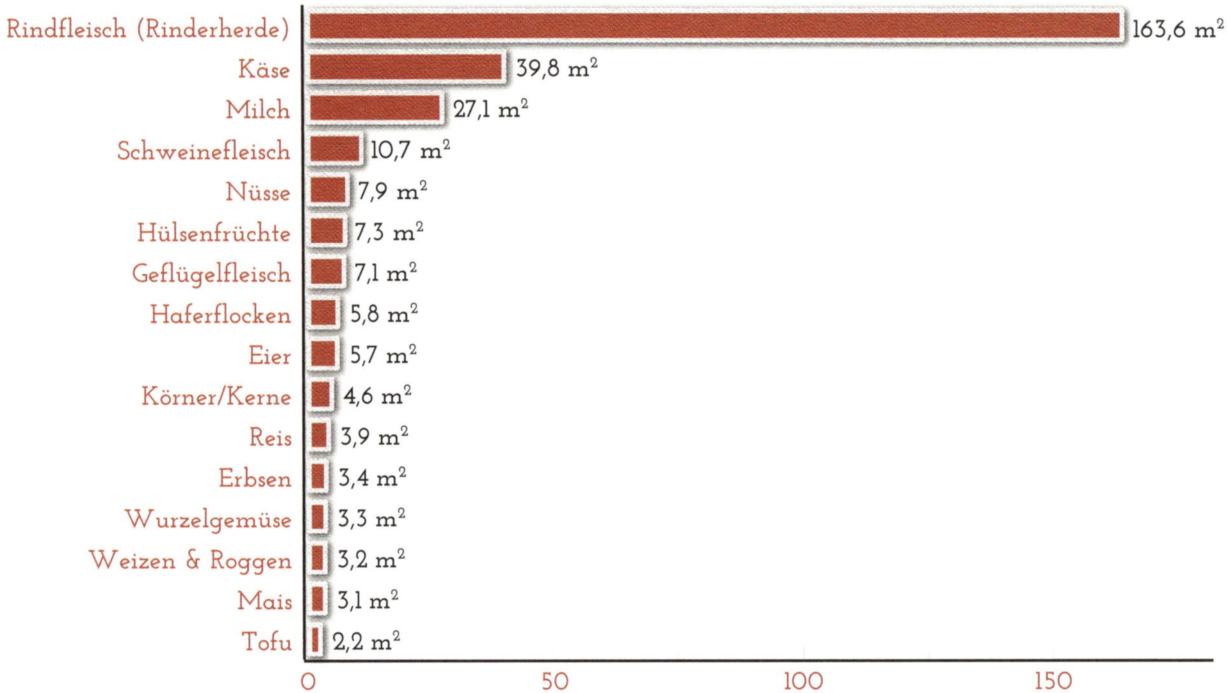


Wie viel Land wird für 100 Gramm Protein benötigt? Quelle: [41]

Um das Ausmaß der Nutztierhaltung zu verdeutlichen, ist in diesem Zusammenhang ein weiterer Ansatz sehr interessant: Im Jahr 2023 wurde die Biomasse aller tierischer und menschlicher Lebewesen geschätzt – mit einem erschreckenden Ergebnis. Unter Biomasse ist in diesem Zusammenhang das Gesamtgewicht aller lebenden Menschen und Tiere zu verstehen. So macht die Biomasse von Nutztieren circa 58 Prozent davon aus, gefolgt von der menschlichen Biomasse mit rund 36 Prozent. Wild lebende Landsäugetiere hingegen beanspruchen eine Biomasse von unter zwei Prozent und wild lebende Meeressäugetiere von unter vier Prozent.[42] Somit wird deutlich, dass die Menschen und ihre Nutztiere fast die gesamte globale Biomasse ausmachen. Weiteren Schätzungen zufolge entspricht zudem die weltweite Biomasse von Haushunden in etwa der Gesamtbiomasse aller wild lebenden Landsäugetieren.[43]

Abbildung 2:

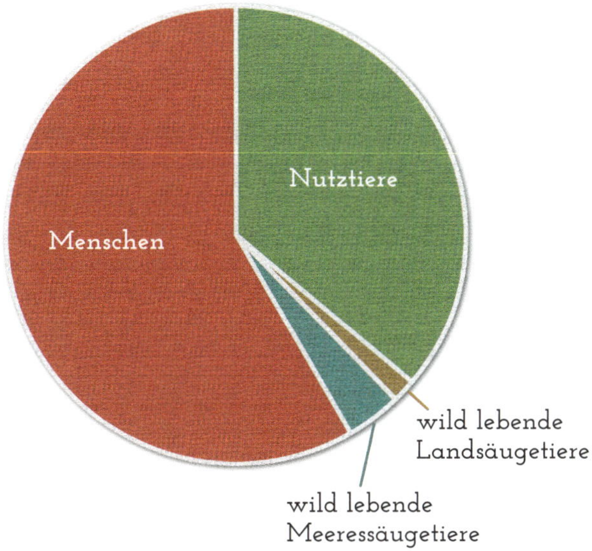


Biomasse auf der Erde: Anteil an Nutztieren, Menschen, wild lebenden Landsäugetieren sowie wild lebenden Meeressäugetieren Quelle: [43]

Abbildung 3:

- Rindfleisch: 15.415 Liter
- Schafs- und Ziegenfleisch: 8.763 Liter
- Schweinefleisch: 5.988 Liter
- Käse: 5.605 Liter
- Hühnerfleisch: 4.325 Liter
- Hülsenfrüchte: 4.055 Liter
- Eier: 3.265 Liter
- Ölsaaten: 2.364 Liter
- Getreide: 1.644 Liter
- Milch. 1.020 Liter
- Wurzelgemüse: 387 Liter
- Gemüse: 322 Liter

Wie viel Wasser wird für die Herstellung von einem Kilogramm Lebensmittel benötigt? Quelle: [44, 45]

Auch der Wasserverbrauch, der für ein Kilogramm eines Lebensmittels benötigt wird, liegt beim Rindfleisch mit Abstand am höchsten. So wurde im Fleischatlas aus dem Jahr 2021 verdeutlicht, dass Fleisch allgemein mehr Wasser benötigt als pflanzliche Lebensmittel. Jedoch zeigte sich auch, dass die Hülsenfrüchte vergleichsweise genauso viel Wasser benötigen wie Hühnerfleisch oder Eier.[44]

Diese Zahlen veranschaulichen, dass die enorme Produktion von Fleisch nicht nur aus ethischer Sicht fragwürdig ist, sondern sie darüber hinaus auch stark die Umwelt belastet. Es wird nicht nur eine immens große Landfläche benötigt, was unter anderem zu Lasten des Regenwaldes geht und die Biodiversität weltweit reduziert, sondern es werden dadurch auch wichtige Ressourcen wie etwa das Trinkwasser stark belastet.[46] Der UN-Ernährungs- und Landwirtschaftsorganisation (FAO) zufolge trug die Nutztierhaltung im Jahr 2013 zudem mit 14,5 Prozent zu den globalen Treibhausgasemissionen bei.[44]

## Fleischfütterung als Gesundheitsrisiko für Hunde

Das Fleisch, das heutzutage konsumiert wird, stammt zum Großteil aus industrieller Massentierhaltung, in der viele Medikamente, unter anderem Antibiotika, in hohem Umfang eingesetzt werden. Ohne diesen massiven Einsatz an Medikamenten würden viele dieser Tiere selbst ihre kurze Haltungsdauer meist nicht überleben. Das liegt zum einen daran, dass Nutztiere auf Leistung statt auf Gesundheit gezüchtet werden und zum anderen an den unhygienischen Zuständen, die aufgrund der beengten Haltungsbedingungen nahezu unvermeidbar erscheinen. Wie hoch der Antibiotikaeinsatz ist, zeigen Zahlen des Fleischatlas aus dem Jahre 2021, denn 73 Prozent aller weltweit verkauften Antibiotika werden für Tiere genutzt und nicht für kranke Menschen. Zudem wächst weltweit der Anteil der industriellen Tierhaltung mit routinemäßigem Antibiotikaeinsatz und Marktanalysen zeigen, dass der Weltmarkt für Tierarzneimittel in den vergangenen Jahren um fünf bis sechs Prozent zugenommen hat – Tendenz steigend. Problematisch ist in diesem Zusammenhang die Tatsache, dass Antibiotikaresistenzen in der Tierhaltung vieler Länder seit der Jahrtausendwende deutlich zunehmen. Daher warnt die Weltgesundheitsorganisation WHO vor einem übermäßigen Antibiotikaeinsatz bei Nutztieren, da dies auch eine ernstzunehmende Bedrohung der Menschen darstellt. Untersuchungen zeigen, dass auf einem nicht unerheblichen Teil des Fleisches resistente Keime zu finden sind, die auf diesem Wege in den Lebensmittelkreislauf gelangen und somit schwere Infektionen auslösen können, gegen die kaum noch ein Antibiotikum wirkt. So soll bereits jede zweite Hähnchenfleischprobe mit resistenten Keimen belastet sein.[44]

Ein weiteres Problem stellen die Antibiotikarückstände im Fleisch dar. Diese Stoffe können die Darmgesundheit von Hunden beeinträchtigen, da sie unter anderem die Darmflora negativ beeinträchtigen können. So belegt ein Untersuchungsprogramm des Bayerischen Landesamtes für Gesundheit und Lebensmittelsicherheit unter anderem, dass eine kürzere Lebendsdauer von Rindern und Kälbern zu einer größeren Wahrscheinlichkeit dafür führt, dass zum Zeitpunkt der Schlachtung noch Antibiotikaspuren nachweisbar sind. Auch bei Geflügel und Schweinen sind Antibiotikarückstände zu finden, wobei sich diese meist unterhalb der Höchstgrenzen bewegen. Zudem zieht das Bayerische Landesamt das Fazit, dass „Nachweise unzulässiger Wirkstoffe wie Chloramphenicol sowie immer wieder feststellbare Höchstmengenüberschreitungen bei Antibiotika zeigen [...], dass das Kontrollniveau aufrechterhalten werden muss."[47]

In diesem Zusammenhang sollten auch Dioxine Erwähnung finden. Dioxine werden nicht zu bestimmten Zwecken hergestellt, sondern entstehen als Nebenprodukte bei Verbrennungsprozessen (etwa der Verbrennung von Haus- und Sondermüll), bei Waldbränden oder Vulkanausbrüchen. Dioxine haften an Staubpartikeln und verbreiten sich auf diese Weise in der Umwelt. Sie stellen potenziell krebserregende Umweltgifte dar und sind selbst in kleinen Mengen hochtoxisch. Diese Stoffe werden von Menschen und

Tieren aus der Umwelt aufgenommen und lagern sich im Körper ab. Somit sind Dioxine auch im Fleisch von Nutztieren eingelagert, vor allem in deren Fett, und gelangen auch in tierische Produkte wie Milch und Eier. Da sich über 90 Prozent aller Dioxine auf der Bodenoberfläche wiederfinden lassen, konnte in Untersuchungen gezeigt werden, dass sich Dioxine in den Nutztieren anreichern, die in Freilandhaltung gehalten werden oder Nahrung von Ackerflächen bekommen. So bestätigte sich, dass in der extensiven Rindfleisch- und Milchproduktion schon leicht erhöhte Belastungen der Böden und Pflanzen zu Überschreitungen der zulässigen Höchstgehalte von Dioxinen in tierischen Lebensmitteln führen können. Allerdings befinden sich Dioxine weniger im Inneren pflanzlicher Nahrungsmittel, sondern anhand von anhaftenden Bodenverschmutzungen viel öfter an der Pflanzenoberfläche. Somit ist nicht davon auszugehen, dass durch eine vegane Ernährung mehr Dioxin aufgenommen wird, sofern die Lebensmittel gut gewaschen werden. Untersuchungen zeigten auch, dass Menschen über 90 Prozent der Dioxine mit der Nahrung über fetthaltige tierische Lebensmittel wie Fleisch, Fisch, Milch und Eier aufnehmen. Dabei sind Fische, je nach Fettgehalt, vergleichsweise höher mit Dioxinen belastet als andere tierische Produkte. Allerdings ist für die toxische Wirkung nicht die tägliche Aufnahme entscheidend, sondern die Anreicherung im Fettgewebe und in der Leber, da Dioxine über viele Jahre hinweg vom Körper abgebaut werden müssen. Auch wenn es keine expliziten Untersuchungen in Bezug auf Hunde gibt, ist davon auszugehen, dass diese Ergebnisse größtenteils übertragbar sind und eine fleischlastige Ernährung zu einer höheren Dioxinbelastung führen könnte.[48] In Fleisch und anderen tierischen Produkten ist vermehrt die Omega-6-Fettsäure Arachidonsäure vorhanden, die sehr wertvoll für die Gesundheit ist. Hunde benötigen diese Säure, nehmen sie jedoch durch eine fleischlastige oder vegetarische Fütterung automatisch auf. Das Problem ist jedoch, dass ein Übermaß dieser Fettsäure ein gesundheitliches Risiko darstellen kann, da sie den Körper dann zur Bildung entzündungsfördernder Botenstoffe anregt. Weil die gängige Hundeernährung sehr fleischlastig ist, ist davon auszugehen, dass die meisten Rationen mehr Arachidonsäure enthalten als empfohlen wird.[10] Bei einer veganen Fütterung nimmt der Hund in der Regel allerdings sehr wenig Arachidonsäure zu sich, was jedoch kein Problem darstellt. Denn er ist in der Lage, diese aus der Linolsäure selbst herzustellen. Linolsäure ist ausreichend in den meisten Ölen vorhanden.

Unter Berücksichtigung dieser Aspekte ist die vegane Fütterung die bessere Wahl, da alle Nachteile, die der Konsum von Fleisch und tierischen Produkten mit sich bringt, vermieden werden. Wie steht es jedoch um die veganen Lebensmittel wie Pseudogetreide, Getreide, Gemüse, Obst oder Hülsenfrüchte, die teilweise und in einem geringen Umfang auch in der BARF-Fütterung ihren Platz finden?

# Sind pflanzliche Lebensmittel schlechter verdaulich?

Die Verdaulichkeit von pflanzlichen und tierischen Lebensmitteln unterscheidet sich. Prinzipiell ist die Proteinverdaulichkeit von frischem Fleisch und Organen mit 95 bis 98 Prozent am höchsten. Doch auch pflanzliche Proteine sind hinsichtlich ihrer Verdaulichkeit nicht unbedingt schlechter. Allerdings gibt es hier einige Unterschiede, die differenziert betrachtet werden sollten. So weisen die im Getreide vorkommenden Getreidekleber wie beispielsweise Gluten ebenfalls eine sehr hohe Proteinverdaulichkeit von 90 bis 94 Prozent auf, Proteine aus Hülsenfrüchten wie etwa Erben oder Bohnen immerhin noch 74 bis 85 Prozent. Proteine aus Gemüse wie Kohl oder Spinat werden hingegen nur zu 63 Prozent verdaut. Hinsichtlich der Verdaulichkeit von Fetten und Ölen gibt es jedoch keine Unterschiede, da Hunde pflanzliche Öle sowie tierische Fette sehr gut verdauen können. Und in Bezug auf die Verdaulichkeit von Stärke unterscheiden sich die Getreidesorten nur wenig voneinander und erreichen im gekochten Zustand sehr gute Werte von bis zu 100 Prozent.[10]

Besondere Beachtung sollte dem Faseranteil in der Ration geschenkt werden. Da in der veganen Fütterung der Anteil an Faserstoffen hoch ist und sich dieser negativ auf die Gesamtverdaulichkeit der Ration auswirkt, muss diese Tatsache in der Zusammensetzung des Futters berücksichtigt werden. Pflanzliche Faserstoffe weisen nicht nur an sich eine geringe Verdaulichkeit auf, sondern umschließen zudem auch Nährstoffe und erhöhen die Passagezeit des Futters durch den Verdauungskanal, sodass dieses nicht optimal verwertet werden kann. Somit ist es nicht unüblich, dass vegane Rationen eine reduzierte Gesamtverdaulichkeit von 70 bis 85 Prozent aufweisen können, was in der Gestaltung der Ration berücksichtigt werden sollte, damit dieser Umstand kein gesundheitliches Risiko für den Hund darstellt.[10]

# Quantität und Qualität von Proteinen in Fleisch und pflanzlichen Lebensmitteln

Hinsichtlich der Proteinmenge weisen Fleisch sowie pflanzliche Lebensmittel zum Teil große Unterschiede auf. Während Fleisch und andere Körperteile von Tieren insgesamt einen recht hohen Proteingehalt von ungefähr 15 Prozent (Rinderpansen) bis 24 Prozent (Hühnerbrust) haben kann, reicht die Spanne bei verzehrfertigen, pflanzlichen Lebensmitteln von ungefähr vier Prozent (gekochtes Quinoa) bis 37 Prozent (Kürbiskerne).

Bei der Betrachtung der Futterkomponente Fleisch fällt auf, dass beispielsweise die sehr proteinreiche Hühnerbrust mit 24 Prozent verhältnismäßig wenig Kalorien enthält und der Proteinbedarf eines Hundes mit solch einer Fleischsorte sehr leicht gedeckt werden kann, ohne dass er im Gegenzug zu viele Kalorien aufnimmt. Rindenpansen hat mit 15 Prozent hingegen deutlich weniger Proteine, dafür aber im Verhältnis viel mehr Kalorien. Daher sollte der Begriff Fleisch differenzierter betrachtet werden, weil er sich je nach Tierart und Körperteil in seinen Nährwerten sehr unterscheiden kann und die Zusammensatzung einer fleischlastigen Ration genau betrachtet werden muss, um sicherzustellen, dass der Hund unter anderem genügend Proteine, aber nicht zu viele Kalorien aufnimmt.

Bei den veganen Lebensmitteln zeigt sich hingegen ein etwas anderes Bild, da vor allem die sehr proteinreichen Lebensmittel wie etwa Kürbiskerne sehr kalorienreich sind und sich daher nicht als Hauptproteinlieferanten eignen, da der Hund ansonsten möglicherweise schnell zunehmen könnte. Als gute pflanzliche Proteinlieferanten stellen sich vor allem Hülsenfrüchte und die daraus hergestellten Produkte wie zum Beispiel Tofu dar, da sie von der Proteinmenge im Verhältnis zum Kaloriengehalt im Allgemeinen mit Fleisch mittleren Proteingehalts vergleichbar sind.

| Fleisch | Proteingehalt | Kalorien | Vegan | Proteingehalt | Kalorien |
|---|---|---|---|---|---|
| Hühnerbrust | 24 g | 110 | Kürbiskerne | 37 g | 595 |
| Muskelfleisch | 20 g | 200 | Tofu | 12 g | 120 |
| Rinderleber | 19 g | 191 | Linsen (gekocht) | 9 g | 75 |
| Rinderpansen | 15 g | 180 | Quinoa (gekocht) | 4 g | 120 |

Protein- und Kaloriengehalt von tierischen und veganen Proteinquellen auf 100 Gramm bezogen (es handelt sich um ungefähre Werte)

Beispiel:
Bekommt ein Hund 100 Gramm Hühnerbrust, liefert ihm das ungefähr 110 Kalorien und 24 Gramm Proteine.

Wenn ein Hund 100 Gramm Muskelfleisch erhält, wird er dadurch mit 200 Kalorien sowie mit 20 Gramm Proteinen versorgt.

Werden einem Hund hingegen 100 Gramm Tofu gegeben, wird er lediglich mit 120 Kalorien sowie zwölf Gramm Proteinen versorgt.

Um einen Vergleich zwischen dem Proteingehalt von den Lebensmitteln herstellen zu können, muss nun der jeweilige Proteingehalt ins Verhältnis zum Kaloriengehalt gesetzt werden. Es wird somit nicht berechnet, wie viele Proteine 100 Gramm des jeweiligen Lebensmittels liefern, sondern wie viele Proteine 100 Kalorien enthalten.

Nimmt ein Hund also 100 Kalorien durch das Fressen von Hühnerbrust auf, wird er ungefähr mit 22 Gramm Proteinen versorgt.

Wenn ein Hund 100 Kalorien in Form von Muskelfleisch bekommt, liefert ihm das zehn Gramm Proteine.

100 Kalorien aus Tofu versorgen ihn ebenfalls mit zehn Gramm Proteinen.

Damit unterscheidet sich in diesem Beispiel der Proteingehalt im Muskelfleisch mengenmäßig nicht vom Tofu, wenn er ins Verhältnis zum Kaloriengehalt gesetzt wird. Die Hühnerbrust liefert hingegen mehr als doppelt so viele Proteine.

Im Vergleich zum Muskelfleisch weisen Linsen sogar noch ein besseres Verhältnis von Protein- zu Kaloriengehalt auf: So beinhalten 100 Kalorien aus Linsen stolze zwölf Gramm Proteine und würden damit das Muskelfleisch übertreffen.

Es zeigt sich, dass es gut möglich ist, den mengenmäßigen Proteinbedarf eines Hundes durch pflanzliche Lebensmittel zu decken, wobei der Kalorienbedarf nicht unberücksichtigt bleiben darf. Während Hülsenfrüchte und die daraus hergestellten Produkte wie Tofu ein sehr gutes Verhältnis von Protein- zu Kaloriengehalt aufweisen, ist es beim Pseudogetreide und Getreide deutlich schlechter. Hier besteht die Gefahr eines Kalorienüberschusses, wenn versucht wird, den Proteinbedarf des Hundes nur durch Pseudogetreide oder Getreide zu decken.

Darüber hinaus ist jedoch nicht nur die Proteinmenge eines Lebensmittels wichtig, sondern entscheidend ist vor allem die Qualität des Proteins. Diese wird anhand der Aminosäurezusammensetzung und der Verdaulichkeit des Proteins bestimmt und kann sich je nach Lebensmittel, Verarbeitung und Zusammenstellung erheblich unterscheiden.

Ein hoher Faseranteil, der in der veganen Fütterung natürlicherweise vorkommt, kann sich nicht nur nach-

| Lebensmittel | Proteine je 100 g | Proteine je 100 Kalorien |
|---|---|---|
| Hühnerbrust | 24 | 22 |
| Muskelfleisch (15% Fett) | 20 | 10 |
| Tofu | 12 | 10 |
| Linsen (gekocht) | 9 | 12 |

Proteinvergleich von Lebensmitteln bezogen auf 100 Gramm und 100 Kalorien

teilig auf die Verdaulichkeit von Vitaminen und Nährstoffen auswirken, sondern auch die Verdaulichkeit der Proteine negativ beeinflussen. Da Fleisch keine Faseranteile aufweist und die BARF-Fütterung nur einen geringen Anteil pflanzlicher Lebensmittel enthält, ist die Verdaulichkeit von Proteinen bei dieser Fütterungsform nicht beeinträchtigt. Dieser Umstand sollte daher bei veganen Rationen berücksichtigt und der Proteinanteil in der Ration entsprechend erhöht werden, ohne jedoch den Kaloriengehalt anzuheben.

Aber auch die Zusammensetzung der Proteine darf nicht unberücksichtigt bleiben. Proteine bestehen aus unterschiedlich vielen Aminosäuren, die für den permanenten Gewebeaustausch im Hundekörper benötigt werden und unabdingbar für die Aufrechterhaltung der Gesundheit sind. Vor allem die Bedarfsdeckung an allen essenziellen Aminosäuren ist sehr wichtig, da diese über die Nahrung aufgenommen werden müssen und nicht selbst vom Körper hergestellt werden können. Da die Aminosäurezusammensetzung der herzustellenden Körpergewebe und -sekrete genetisch festgelegt ist, ergibt sich daraus ein spezifischer Bedarf an Aminosäuren, der zwingend gedeckt werden muss. Wenn nur eine unentbehrliche Aminosäure in den Futterproteinen nicht im ausreichenden Maß vorhanden ist, kann sich das auf vielfältige Weise zeigen (etwa Leistungsabfall, Muskelabbau, Haarausfall, langsamere Wundheilung), auch wenn die restlichen Aminosäuren im ausreichenden Maß vorhanden sind. Auf diese limitierende Wirkung von Aminosäuren muss daher zwingend geachtet werden, sodass es nicht ausreicht, nur den Gesamtproteingehalt der Nahrung zu betrachten.

Effektiv verwerten kann der Hundekörper ein Futterprotein dann, wenn die Aminosäurezusammensetzung dieses Proteins möglichst gut mit der Aminosäurezusammensetzung des daraus herzustellenden Gewebes oder Sekrets übereinstimmt. Je besser diese Übereinstimmung ist, desto geringer ist der Aufwand für die Umwandlung und je höher ist die sogenannte biologische Wertigkeit. Die biologische Wertigkeit ist somit ein Maß dafür, wie effizient ein Protein vom Körper genutzt werden kann, um körpereigenes Protein aufzubauen. Ein Wert von 100, wie ihn das Vollei aufweist, würde bedeuten, dass das Protein alle essenziellen Aminosäuren in ausreichender Menge enthält und daher optimal vom Körper verwendet werden kann. Fleisch und Soja haben beispielsweise eine hohe Übereinstimmung mit Geweben und Sekreten des Hundekörpers und zeigen somit eine höhere biologische Wertigkeit, während Getreide und Hülsenfrüchte weniger gut damit übereinstimmen. Organe, Bindegewebe und Fleischnebenprodukte zeigen hingegen eine mittlere Übereinstimmung und damit geringe biologische Wertigkeit.[10]

Allerdings macht dieser Umstand vegane Lebensmittel nicht per se zu schlechten Proteinlieferanten, da sich Aminosäuren durch eine geschickte Kombination gegenseitig ergänzen lassen und damit alle benötigten Aminosäuren im benötigten Maß liefern können. Während in Getreide beispielsweise geringe Mengen der essenziellen Aminosäure Lysin vorhanden ist, weisen beispielsweise Hülsenfrüchte einen recht hohen Gehalt an Lysin auf, sodass die Kombination aus beiden Lebensmitteln den Bedarf an Lysin decken kann. Dabei müssen beide Lebensmittelgruppen (Getreide und Hülsenfrüchte) nicht zwingend in einer Mahlzeit verfüttert werden, sie können sich im Laufe des gesamten Tages ergänzen.[49] Um die Bedarfsdeckung an allen unentbehrlichen Aminosäuren mit Sicherheit zu gewährleisten, empfiehlt es sich, auf Grundlage einer individuellen Rationsanalyse gezielte essenzielle Aminosäuren zu supplementieren. Wird die Zusammenstellung der veganen Ration sinnvoll gestaltet, ist es somit problemlos möglich, Hunde mit allen wichtigen Aminosäuren im ausreichenden Maß zu versorgen.

## Liefern nur tierische Produkte bestimmte Nährstoffe?

Unabhängig davon, welche Fütterungsform gewählt wird, ist es wichtig, dass der Nährstoffbedarf des Hundes gedeckt ist und er mit allen notwendigen Vitaminen und Mineralstoffen im ausreichenden Maß versorgt wird. Einigen Lebensmittel tierischer Herkunft wird in diesem Zusammenhang die Eigenschaft zugeschrieben, die einzige Quelle für bestimmte Nährstoffe zu sein, was jedoch nicht korrekt ist. Kein tierisches Produkt deckt alle Nährstoffe ab.[49] Fisch beziehungsweise Fischöl ist eine hervorragende Quelle für die langkettigen Omega-3-Fettsäuren EPA und DHA, denen viele gesundheitliche Vorteile zugeschrieben werden, sodass viele Hundehalter Fisch oder Fischöl in die BARF-Ration integrieren. Allerdings sind nicht Fische die eigentlichen Lieferanten dieser Fettsäuren, sondern Mikroalgen, die in Form von Algenöl den Hund ebenso gut mit EPA und DHA versorgen. Somit ist es nicht notwendig, den Umweg über die Fütterung von Fisch oder Fischöl zu gehen.[49]

Auch das Vitamin B12, das in pflanzlicher Nahrung nicht in ausreichendem Maß vorkommt und bei einer veganen Ernährung supplementiert werden muss, kommt heutzutage nicht auf natürliche Weise im Fleisch vor. Dieses Vitamin wird im Darm der Tiere von Mikroorganismen gebildet, wobei nach aktuellem wissenschaftlichem Stand nur Wiederkäuer sich selbst mit diesem Vitamin versorgen können und es andere Tiere sowie Menschen aus der Nahrung aufnehmen müssen. Während früher Vitamin B12 in größeren Mengen in Erdproben und somit auf ungewaschenem Gemüse zu finden war, stellt es heute aufgrund der zerstörten Bodenflora durch die industrielle Landwirtschaft keine natürliche Quelle mehr dar. Aus diesem Grund bekommen die Nutztiere heutzutage Vitamin B12 zugefüttert, da sie meist nicht natürlich ernährt werden und ebenfalls auf eine Supplementierung angewiesen sind. Selbst im Darm von Kühen kann nur dann Vitamin B12 gebildet werden, wenn das Futter eine ausreichende Menge des chemischen Elements Kobalt enthält. Das ist in der konventionellen Massentierhaltung oft nur durch künstliche Zusätze gegeben.[50]

## Umweltbelastung und Gesundheitsrisiko durch konventionellen Ackerbau und lange Transportwege

Da die vegane Fütterung auf pflanzliche Erzeugnisse setzt, sollte auch die Herstellung dieser Lebensmittel kritisch betrachtet werden. Eines der Probleme im konventionellen Ackerbau ist die starke Düngung. Zwar sind die Pflanzen zum Wachstum auf Stickstoff und Phosphat angewiesen, jedoch wird oft über den Bedarf der Pflanzen hinaus gedüngt. Die Überreste werden ausgewaschen und gelangen ins Grundwasser sowie in Gewässer. Damit befindet sich nicht nur zu viel Nitrat im Grundwasser, sondern sind auch die Oberflächengewässer viel zu nährstoffreich. Durch eine starke Nährstoffkonzentration im Boden wird die Artenvielfalt beeinflusst und führt zur Verdrängung von Pflanzenarten, die an nährstoffarme Standorte angepasst sind. Mehr als 70 Prozent der Pflanzenarten, die in Deutschland als gefährdet gelten, bevorzugen nährstoffarme Böden. Problematisch ist zudem, dass mit den verdrängten Pflanzenarten die an sie angepassten Insekten verschwinden und damit auch Amphibien, Vögel und Säugetiere. Durch Düngung wachsen allerdings nicht nur die Kulturpflanzen schneller, sondern auch unerwünschte Beikräuter, was den Einsatz von Herbiziden (Unkrautvernichter) zur Folge hat. Gleichzeitig erhöhen die dichten Pflanzenbestände die Anfälligkeit für Pilze und Schädlinge, sodass ein erhöhter Einsatz von Insektiziden (Mittel gegen Insekten) und Fungiziden (Mittel gegen Pilze) zum Tragen kommt – mit negativen Auswirkungen auf die Bodenorganismen und die Gesundheit von Mensch und Hund.[51] Hinzu kommt, dass die angebauten Lebensmittel nicht nur viele Pestizide enthalten, sondern auch weniger Nährstoffe aufweisen als noch vor einigen Jahrzehnten. Durch die intensive Landwirtschaft sind die Böden zum einen ausgelaugt und zum anderen kommen in der Regel Hybridpflanzen zum Einsatz, die darauf ausgelegt sind, möglichst schnell zu wachsen und den wirtschaftlichen Ertrag zu maximieren, was zu Lasten der Nährstoffdichte geht.[52]

Eine weitere Problematik stellen die langen Transportwege von importierten Lebensmitteln dar. Während das meiste Getreide in Mitteleuropa angebaut werden kann, gibt es einige Sorten, die andere Anforderungen an die klimatischen Bedingungen und die Bodenbeschaffenheit stellen. Reis und Quinoa legen in der Regel lange Transportwege zurück und belasten damit die Umwelt, aber auch viele Hülsenfrüchte wie Linsen, Bohnen und Kichererbsen werden zum Großteil importiert.[53] Auch die Herkunftsländer von Obst und Gemüse variieren je nach Art des Lebensmittels, der Jahreszeit und den Marktbedingungen. So sind unter anderem Spanien, China und die USA große Produzenten und Exporteure von Obst und Gemüse. Hinzu kommt, dass durch die langen Transportwege und Lagerzeiten das Obst und Gemüse zusätzlich an Nährstoffen verliert.

## Regionalität, Saisonalität und Bio-Qualität als gangbarer Weg

Die Herausforderungen, die das Füttern veganer Lebensmittel mit sich bringt, können glücklicherweise zum Teil reduziert werden. Viele Lebensmittel sind aus regionalem Anbau erhältlich, sodass nur kurze Transportwege anfallen. Zudem ist es sinnvoll, auf saisonale Produkte zu setzen: Wenn beispielsweise anstatt auf Reis aus China lieber auf Hirse aus Deutschland zurückgegriffen und im Winter statt Brokkoli lieber Grünkohl gewählt wird, kann regional beziehungsweise saisonal eingekauft und die Umwelt entlastet werden. Aber auch die Entscheidung für Lebensmittel in Bio-Qualität kann gesundheitliche und ökologische Vorteile bringen. Da in der biologischen Landwirtschaft auf chemisch-synthetische Pflanzenschutzmittel sowie auf leicht lösliche mineralische Düngemittel verzichtet wird, keine Gentechnik erlaubt ist und die Bodenqualität durch die Einhaltung von Fruchtfolgen und organische Düngung verbessert wird, bietet das nicht nur Vorteile für die Umwelt, sondern auch für die Gesundheit von Hunden.[54] So hat die Stiftung Warentest im Jahr 2015 festgestellt, dass die untersuchten Lebensmittel in Bio-Qualität deutlich weniger Pestizidrückstände aufwiesen als die konventionellen. Allerdings zeigten die Untersuchungen auch, dass sich hinsichtlich weiterer Schadstoffe die Bio-Produkte nicht von den konventionellen unterschieden haben[55]. Somit bedeutet „Bio“ nicht unbedingt „schadstofffrei“. Während Bioprodukte tendenziell weniger synthetische Chemikalien enthalten, können sie immer noch natürliche Toxine oder Schadstoffe aus der Umwelt wie Schwermetalle aufnehmen. Es ist auch möglich, dass Bioprodukte Rückstände von Pestiziden aufweisen, die durch Wind oder Wasser von benachbarten konventionellen Feldern übertragen wurden. Auch wenn Schadstoffe nicht ganz vermieden werden können, sind sie dennoch die bessere Wahl im Vergleich zu konventionellen Produkten.

Jedoch ist „Bio“ in Bezug auf die Fleischfütterung keine Lösung, wie der foodwatch Report aus dem Jahr 2023 zeigte.[56] Zum einen wird durch die Produktion von Bio-Fleisch der Co2-Fußabdruck im Vergleich zur konventionellen Fleischherstellung sogar um das eineinhalbfache erhöht und auch ethische Kritikpunkte hinsichtlich des Tierwohls bleiben nahezu unverändert.[57] So lagen bei Untersuchungen bezüglich der unterschiedlichen Haltungsformen beispielsweise die Anteile kranker Schweine mit knapp 40 Prozent bei beiden Haltungsformen nahezu gleichauf und 97 Prozent aller Legehennen hatten aufgrund der enormen hochgezüchteten Legeleistung ein gebrochenes Brustbein. 54 Prozent der untersuchten Milchkühe in Biobetrieben litten zudem an Euterentzündungen.[56] Unzureichende Kontrollen lassen außerdem nicht zu, dass Fleisch in Bioqualität wirklich mehr Tierwohl und eine höhere Qualität bedeuten, obwohl diese Tiere etwas mehr Auslauf und weniger Antibiotika bekommen.

Zusammenfassend lässt sich festhalten, dass sowohl fleischbasierte als auch vegane Fütterung vor großen Herausforderungen stehen. Während die genannten gesundheitlichen Risiken, ethische Kritikpunkte sowie die enormen Umweltbelastungen, die mit dem extremen Fleischkonsum im Zusammenhang stehen, in der veganen Fütterung nicht auftreten, bleibt auch diese nicht ohne Kritik. Durch den Konsum pflanzlicher Lebensmittel und den damit zusammenhängenden konventionellen Ackerbau sowie lange Transportwege verursacht auch die vegane Fütterung Umweltbelastungen, wenn auch im geringeren Ausmaß. Mit einer möglichst regionalen, saisonalen und biologischen Fütterung können diese Probleme jedoch minimiert werden.

### Vegan vs. BARF

| Selbstgekochte vegane Ration | BARF-Ration |
|---|---|
| Ethische Aspekte, Umweltschutz und die Wahrung des Wohls aller Tiere stehen im Vordergrund. Vor allem Hunde, die auf tierische Proteine mit Allergien oder Unverträglichkeiten reagieren, können von dieser Fütterungsform profitieren. | Vertritt den Ansatz mit dieser Ernährungsform ein Beutetier bestmöglich nachzubilden, um der ursprünglichen Ernährung des Wolfes recht nahe zu kommen. |
| Besteht aus frischen Zutaten und setzt sich aus fünf Komponenten zusammen<br>-Proteinquelle<br>-Kohlenhydratquelle<br>-Öle<br>-Gemüse und Obst<br>-Ergänzungen und Toppings | Besteht aus frischen Zutaten und setzt sich aus vier bis sechs Komponenten zusammen<br>-Fleisch (unterteilt in Muskelfleisch, Pansen, Innereien)<br>-gegebenenfalls Knochen<br>-gegebenenfalls Kohlenhydratquelle<br>-Fette/Öle<br>-Gemüse und Obst<br>-Ergänzungen und Toppings |
| Die meisten Kohlenhydrat- und Proteinquellen müssen gekocht werden. Beim Gemüse und Obst ist das Dünsten oder Pürieren zu empfehlen. | Das Fleisch wird roh gefüttert, wohingegen die Kohlenhydratquellen und das Gemüse und Obst gedünstet oder püriert werden sollten beziehungsweise müssen. |
| Vegane Kohlenhydrat- und Proteinquellen sind gut zu lagern, da sie sich im getrockneten oder konservierten Zustand lange halten. | Das Fleisch wird meist im tiefgefrorenen Zustand gelagert, was genügend Platz im Tiefkühler voraussetzt. |

| | |
|---|---|
| Pflanzliche Lebensmittel – vor allem wenn sie aus biologischem Anbau stammen – stellen im Vergleich zu tierischen Produkten keine so große Umweltbelastung dar. | Tierische Produkte stellen eine sehr große Umweltbelastung und ein gesundheitliches Risiko für Hunde dar. Tierische Produkte in Bioqualität verbessern diese Problematik nicht. |
| Eine vollwertige pflanzliche Fütterung enthält wenig entzündungsfördernde Arachidonsäure und kann sich dadurch positiv auf die Gesundheit auswirken. | BARF enthält aufgrund des hohen Anteils tierischer Produkte einen hohen Arachidonsäuregehalt, der sich im Übermaß negativ auf die Gesundheit auswirkt. |
| Die Proteinverdaulichkeit von pflanzlichen Lebensmitteln ist allgemein etwas schlechter als bei tierischen. Die vegane Fütterung enthält einen höheren Ballaststoffanteil, der die Gesamtverdaulichkeit beeinträchtigt und berücksichtig werden sollte. | Die Proteinverdaulichkeit von tierischen Produkten ist im Allgemeinen sehr gut. Eine schlechtere Verdaulichkeit weisen bindegewebshaltige Lebensmittel auf. |
| Der Proteingehalt in pflanzlichen Lebensmitteln kann sehr stark variieren. Im Verhältnis zu ihrem Kaloriengehalt weisen unter anderem Linsen und Tofu einen identischen oder sogar teilweise höheren Proteingehalt als manche tierischen Produkte auf. | Fleisch hat im Allgemeinen einen hohen Proteingehalt. Bezogen auf den Kaloriengehalt relativiert sich jedoch in der Beispielbetrachtung der hohe Proteingehalt (mit Ausnahme der Hühnerbrust), sodass sie vergleichbar mit dem Proteingehalt pflanzlicher Proteinquellen sind. |
| Pflanzliche Lebensmittel enthalten nicht alle benötigten Aminosäuren im ausreichenden Maß. Durch eine Kombination verschiedener Lebensmittel lässt sich dieses Defizit zum Teil ausgleichen. Eine Ergänzung mit mindestens der essenziellen Aminosäure Methionin ist aber dennoch notwendig. | Tierische Produkte enthalten alle essenziellen Aminosäuren im ausreichenden Maß, sodass eine separate Ergänzung nicht notwendig ist. |

# 4.

# Vegetarische Fütterung oder Insektenfutter als Zwischenweg?

Bisher wurden zwei sehr kontroverse Fütterungsformen gegenübergestellt, die gegensätzlicher nicht sein können: Beim Barfen wird auf sehr viel Fleisch gesetzt, während die vegane Fütterung gänzlich darauf verzichtet. Wäre denn eine vegetarische Fütterung oder eine Fütterung auf Insektenbasis möglicherweise einen guter Zwischenweg?

In der vegetarischen Hundeernährung wird – analog zur veganen Ernährung – auf das Füttern von Fleisch und Fisch verzichtet, wobei jedoch tierische Produkte nicht ausgeschlossen werden. Neben pflanzlichen Lebensmitteln können auch Eier und Milchprodukte in den Hundenapf. Während in der veganen Fütterung die Proteinversorgung vorrangig durch Hülsenfrüchte und den daraus hergestellten Produkten gedeckt wird, dienen in der vegetarischen Fütterung vor allem Eier und Milchprodukte der Proteinversorgung des Hundes. Klingt zunächst gut.

## Milchprodukte und Eier als Umweltbelastung

Hinsichtlich der Umweltbelastung stellt eine vegetarische Fütterung aber keine gute Alternative dar, da der Bedarf an Landfläche, die für die Milchproduktion benötigt wird, sehr hoch ist. Lediglich die benötigte Landfläche für die Eierproduktion ist geringer und mit dem Flächenbedarf der Getreideproduktion gleichzusetzen (Abbildung 1). Bezüglich des Wasserverbrauchs ist beispielsweise Käse sehr ungünstig, wohingegen Eier eine deutlich bessere Bilanz aufweisen. Milch verbraucht verhältnismäßig wenig Wasser, ist jedoch für Hunde in reiner Form nicht uneingeschränkt zu empfehlen (Abbildung 3). Zudem trägt der Konsum von Milchprodukten und Eiern dazu bei, dass die Biomasse der Nutztiere enorm hoch bleibt, was in keiner Weise umweltschonend ist (Abbildung 2). Unter Betrachtung dieser Umweltaspekte ist der Konsum von Milchprodukten und Eiern nicht zu empfehlen.

## Wird mit einer vegetarischen Fütterung das Tierleid minimiert?

Wenn tierische Produkte konsumiert werden, muss berücksichtigt werden, dass in der konventionellen Tierhaltung, aber auch in Biobetrieben, die auf eine Massenproduktion ausgelegt sind, zwangsläufig Tierleid verursacht wird. So werden die Milchkühe auf Höchstleistungen gezüchtet und geben bis zu 60 Liter Milch täglich. Das stellt eine enorme Belastung für den gesamten Organismus dar, mit der Folge, dass die Tiere oft krank werden und nur noch eine Lebenserwartung von durchschnittlich 5,4 Jahren haben, bis sie geschlachtet werden, während die natürliche Lebenserwartung bei 15 bis 20 Jahren liegt.[56] Zudem werden Milchkühe in der Regel jährlich neu besamt, damit die Milchleistung nicht nachlässt, sodass sie permanent trächtig sind. Die Kälber werden wenige Tage nach der Geburt von ihren Müttern getrennt und auf billigere

Ersatzmilch umgestellt, was zusätzlich zu einer enormen seelischen Belastung bei Mutterkuh und Kalb führt. Während die männlichen Kälber nach sechs Monaten geschlachtet werden, erleiden die weiblichen das gleiche Schicksal wie ihre Mütter.[58]

Auch der Konsum von konventionell produzierten Eiern verursacht Tierleid, da die hochgezüchteten Legehennen um die 320 Eier pro Jahr legen, während es bei wilden Hennen lediglich etwa 20 Eier pro Jahr sind. Das Legen von Eiern belastet die Tiere so sehr, dass es zu Knochenbrüchen und einer stark verminderten Lebenserwartung kommt. Die Eierproduktion entzieht dem Körper der Hühner das Calcium für den Skelettbau, sodass den Tieren unter ihrem eigenen Körpergewicht die Knochen brechen.[56] Während Hühner eine natürliche Lebenserwartung von über zehn Jahren haben, werden sie in der Massentierhaltung in der Regel nach maximal zwei Jahren geschlachtet und das unabhängig davon, in welcher Haltungsform sie leben. Männliche Küken werden hingegen bereits nach vier bis sechs Wochen geschlachtet, da sie darauf gezüchtet sind, in sehr kurzer Zeit enorm viel an Gewicht zuzulegen.

## Die Fütterung von Milchprodukten und Eiern mit gesundheitlichen Risiken

Dass in der konventionellen Massentierhaltung viele Medikamente wie Antibiotika eingesetzt werden, wurde bereits erwähnt. Jedoch lassen sich Rückstände von Medikamenten nicht nur im Fleisch, sondern auch in Milchprodukten und Eiern nachweisen.[59] Darüber hinaus ist auch die Belastung mit Dioxinen in tierischen Produkten sehr hoch, was bei Verzehr ein erhöhtes Krebsrisiko vermuten lässt.[48] Milch wiederum enthält in der Regel Eiterzellen, die aufgrund der oft vorkommenden Euterentzündungen der Milchkühe entstehen. Zwar werden diese Eiterzellen durch Pasteurisieren inaktiviert, jedoch nicht entfernt. Auch wenn die Höchstgrenzen normalerweise nicht überschritten werden und Eiter keine gesundheitliche Gefahr darstellt, lässt diese Tatsache vermuten, dass es sich nicht unbedingt um ein wertvolles Lebensmittel handelt.[60]

Ein weiterer nicht zu vernachlässigender Kritikpunkt ist zudem die Hormonbelastung in der Milch. Dadurch, dass die Kühe bis in die Spätschwangerschaft gemolken werden, steigt die Östrogenkonzentration in der Milch deutlich an. Auch wenn die Milch der trächtigen Kühe mit der Milch nicht trächtiger Kühe gemischt wird, unterscheidet sie sich dennoch deutlich von jener, die vor 100 Jahren konsumiert wurde. Das Ärzteblatt aus dem Jahr 2018 sieht daher die Frage nach möglichen gesundheitlichen Schäden beim Menschen durch den Milchkonsum als berechtigt, da Östrogene, die aus dem Magen-Darm-Trakt resorbiert werden, durchaus Auswirkungen auf die Gesundheit und möglicherweise mit bestimmten Krebserkrankungen in Zusammenhang gebracht werden könnten.[61] Allerdings liefern verschiedene Studien unterschiedliche Ergebnisse, sodass diese Thematik noch nicht vollends geklärt werden konnte.

Hinzu kommt, dass auch Milchprodukte viel Arachidonsäure enthalten, die im Übermaß entzündungsfördernd wirken. So ist beispielsweise im Eigelb sowie in fettreichen Milchprodukten sehr viel dieser Fettsäure vorhanden. Außerdem ist zu berücksichtigen, dass das Verfüttern größerer Mengen an rohen Eiern an Hunde nicht empfohlen wird. Zum einen steigt dadurch das Salmonellenrisiko, zum anderen beeinträchtigt ein im Eiklar enthaltener Trypsinhemmstoff die Proteinverdauung und kann Verdauungsstörungen verursachen. Zudem führt das ebenfalls im Eiklar vorkommende Avidin innerhalb von wenigen Tagen zu Mangelerscheinungen, da es Biotin aus der Nahrung bindet und für den Körper weniger verfügbar macht.[10] Das Verfüttern rohen Eigelbs in Maßen stellt hingegen kein gesundheitliches Risiko dar und auch die Eischale kann in gemahlenem Zustand an Hunde verfüttert werden, da sie eine gute Calciumquelle darstellt. Hier ist allerdings Vorsicht geboten, dass der Hund nicht zu viel Calcium aufnimmt, zumal in den Ergänzungsmitteln für vegetarische und vegane Rationen bereits eine ausreichende Menge an Calcium vorhanden ist.

## Verdaulichkeit von vegetarischen Lebensmitteln

Da Milch einen hohen Gehalt an Laktose (Milchzucker) aufweist, wird sie von vielen ausgewachsenen Hunden nicht gut vertragen und kann zu Durchfällen führen. Allerdings haben Milchprodukte wie Quark und Dickmilch einen geringeren Gehalt an Laktose, sodass diese in höheren Mengen toleriert werden kann.[10] Auch Käse und Hüttenkäse haben vergleichsweise wenig Laktose und werden in der Regel gut vertragen.

Eier werden von den meisten Hunden gerne gefressen und weisen ebenfalls eine hohe Verdaulichkeit auf.

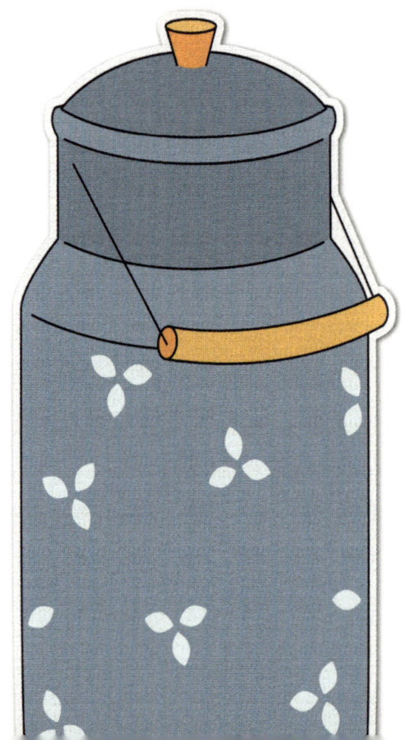

## Qualität und Quantität von Proteinen in vegetarischen Lebensmitteln

Wie bereits beschrieben, weisen Lebensmittel pflanzlichen und tierischen Ursprungs zum Teil deutliche Unterschiede im Proteingehalt auf. Mit einem sehr hohen Proteingehalt punkten unter den pflanzlichen Lebensmitteln vor allem Nüsse, Kerne und Samen. Zwar beinhalten diese Lebensmittel zum Teil auch sehr viele wertvolle Vitamine, Mineralstoffe und ungesättigte Fettsäuren, allerdings muss auch berücksichtigt werden, dass der Kaloriengehalt entsprechend hoch ist und sie daher nur als Ergänzung gefüttert werden sollten. Einen geringeren Kaloriengehalt weisen hingegen Hülsenfrüchte auf, sodass sie sich gut eignen, um den Proteinbedarf des Hundes zu decken. Gekochtes Pseudogetreide und Getreide haben hingegen einen geringen Proteingehalt und stellen somit keine guten Proteinlieferanten dar.

Der Proteingehalt von Eiern, Magerquark und Hüttenkäse ist, ungeachtet des Kaloriengehalts, mit dem von Tofu vergleichbar und liegt bei ungefähr zwölf bis 14 Prozent, wohingegen Joghurt nur drei bis vier Prozent Protein aufweist und sich dahingehend mit Pseudogetreide und Getreide gleichsetzen lässt. Darüber hinaus gibt es durchaus einige Käsesorten, die mit einem sehr hohen Proteingehalt punkten können, wie beispielsweise der Parmesankäse mit bis zu 28 Prozent Proteinen. Allerdings weist auch Käse sehr viele Kalorien auf und sollte daher bestenfalls als Ergänzung zum Futter oder als Leckerli dienen.

Da Hunde, genauso wie Menschen, nur einen bestimmten Kalorienbedarf haben, der nicht dauerhaft überschritten werden sollte, ist es wichtig, die Proteinquellen im Verhältnis zu ihrem Kaloriengehalt zu betrachten. Unter diesem Aspekt zeigt Magerquark den höchsten Proteingehalt, gefolgt von Hülsenfrüchten und Tofu. Eier haben im Verhältnis zu den Kalorien hingegen einen geringeren Proteingehalt.

| Vegetrarisch | Proteingehalt | Kalorien | Vegan | Proteingehalt | Kalorien |
|---|---|---|---|---|---|
| Käse (Gouda) | 25 g | 350 | Kürbiskerne | 37 g | 595 |
| Eier | 13 g | 155 | Tofu | 12 g | 120 |
| Magerquark | 13 g | 65 | Linsen (gekocht) | 9 g | 75 |
| Joghurt | 5 g | 60 | Quinoa (gekocht) | 4 g | 120 |

Protein- und Kaloriengehalt von vegetarischen und veganen Proteinquellen auf 100 Gramm bezogen (es handelt sich um ungefähre Werte)

Beispiel:

Wenn ein Hund 100 Gramm Magerquark erhält, wird er dadurch mit 65 Kalorien sowie mit 13 Gramm Proteinen versorgt.

Bekommt der Hund hingegen 100 Gramm Tofu, wird er mit 120 Kalorien sowie zwölf Gramm Proteinen versorgt.

Der Proteingehalt sieht auf den ersten Blick recht ähnlich aus.

Um die Proteingehalte von beiden Lebensmitteln vergleichen zu können, muss auch hier wieder der jeweilige Proteingehalt ins Verhältnis zum Kaloriengehalt gesetzt werden.

Es wird angenommen, dass der Hund 100 Kalorien in Form von Magerquark erhält, was ihm umgerechnet 20 Gramm Proteine liefert.

Wenn der Hund 100 Kalorien in Form von Tofu erhält, wird er jedoch nur mit zehn Gramm Protein versorgt.

Somit unterscheidet sich der Proteingehalt stark im Verhältnis zum Kaloriengehalt, da der Hund durch Quark doppelt so viele Proteine bekommt wie durch Tofu.

Aber wie sieht das bei Eiern aus, die für einen hohen Proteingehalt stehen?

100 Gramm Eier liefern dem Hund 155 Kalorien und 13 Gramm Protein.

Wenn er nun 100 Kalorien in Form von Eiern bekommt, wird er dadurch nur mit 8,4 Gramm Protein versorgt, was weniger als beim Tofu ist.

Beim Proteinvergleich von Fleisch und veganen Lebensmitteln zeigte sich, dass die Linsen mit zwölf Gramm Proteinen je 100 Kalorien sehr gut abgeschnitten haben. Auch wenn sie im Verhältnis deutlich weniger Proteine als Quark enthalten, übertreffen sie den Proteingehalt von Eiern recht stark.

| Lebensmittel | Proteine je 100 g | Proteine je 100 Kalorien |
|---|---|---|
| Magerquark | 13 | 20 |
| Ei | 13 | 8,4 |
| Tofu | 12 | 10 |
| Linsen (gekocht) | 9 | 12 |

Proteinvergleich von Lebensmitteln bezogen auf 100 Gramm und 100 Kalorien

Somit wird deutlich, dass nicht Eier, sondern Magerquark im Verhältnis zum Kaloriengehalt den höchsten Proteingehalt liefern. Aber auch der Proteingehalt von Tofu und Hülsenfrüchten ist nicht zu vernachlässigen, auch wenn das Verhältnis zum Kaloriengehalt deutlich schlechter ist als beim Magerquark. Somit kann Magerquark sehr gut zur Deckung des Proteinbedarfs des Hundes beitragen, ohne von den Kalorien zu sehr ins Gewicht zu fallen.

Auch ist die Aminosäurezusammensetzung in Eiern und Milchprodukten ist sehr gut, da ihre biologische Wertigkeit hoch ist und sie alle benötigten essenziellen Aminosäuren in einem ausgewogenen Verhältnis aufweisen – ähnlich wie Muskelfleisch. Auch pflanzliche Lebensmittel können eine vollständigere Aminosäurezusammensetzung und damit höhere biologische Wertigkeit erreichen, wenn Hülsenfrüchte und Getreide miteinander kombiniert werden, die durch einzelne Aminosäuren sicherheitshalber zu ergänzen sind. Die Deckung des Aminosäurenbedarfs des Hundes ist daher durch Fleisch und tierische Produkte deutlich einfacher, jedoch werden sie nicht zwingend benötigt, wenn der vegane Rationsplan ausgewogen und bedarfsdeckend gestaltet ist.

Unter Berücksichtigung der genannten Aspekte ist die vegetarische Fütterung zwar unumstritten möglich, allerdings nicht umweltschonender oder ethisch vertretbarer als die Fütterung von Fleisch. Hinsichtlich der gesundheitlichen Aspekte entstehen durch die vegetarische Fütterung keine Vorteile, da auch Milchprodukte und Eier Umweltgifte und Medikamentenrückstände enthalten können. Hinzu kommt, dass Milchprodukte aufgrund der Hormonbelastung in der Humanmedizin als möglicherweise krebserregend diskutiert werden und dieses potenzielle Risiko wahrscheinlich auch auf Hunde übertragen werden kann.

## Insektenfutter als neuer Fütterungstrend?

Seit einiger Zeit gibt es immer mehr Hundefuttersorten auf dem Markt, die Insekten als neuartige Proteinquelle enthalten und als nachhaltigere Variante zu den herkömmlichen tierischen Produkten beworben werden. Oft wird hierbei auf Mehlwürmer oder die Schwarze Soldatenfliege (Hermetia) gesetzt. Insekten sind in vielen Teilen der Welt ein traditionelles Lebensmittel, das sehr nahrhaft ist und einen vergleichbaren Proteingehalt wie Fleisch hat.[62] Außerdem enthalten sie alle essenziellen Aminosäuren, einen hohen Gehalt an ungesättigten Fettsäuren sowie viele Mikronährstoffe, wie beispielsweise Magnesium, Eisen, Selen, Zink und B-Vitamine.[63]

Insekten sind zudem sehr effiziente Futterverwerter und können im Durchschnitt zwei Kilogramm Futter in ein Kilogramm Insektenmasse umwandeln, wohingegen Rinder für ein Kilogramm Körpermasse acht Kilogramm Futter benötigen. Zudem ist nicht nur der Wasserverbrauch geringer, sondern auch die Produktion von Treibhausgasen im Vergleich zur konventionellen Tierhaltung. So produzieren Schweine beispielsweise zehn bis hundert Mal mehr Treibhausgase pro Kilogramm Körpermasse als Mehlwürmer. Insekten lassen sich auf Bio-Abfällen wie beispielsweise Lebensmittelabfällen kultivieren und wandeln diese in qualitativ hochwertiges Protein um. Diverse Studien lassen jedoch vermuten, dass manche Insektenarten Schmerzen empfinden können, da ihr Nervensystem deutlich komplexer ist als bisher angenommen.[64] So reagieren sie unter anderem auf Hitze und Elektroschocks und es ist davon auszugehen, dass sie umso mehr Schmerzen empfinden, je länger der Tötungsprozess andauert, was ethisch nicht hinnehmbar wäre. Jedoch ist auch in diesem Bereich noch weitere Forschung nötig.[65]

Zusammenfassend lässt sich festhalten, dass Insektenproteine hinsichtlich des Umweltaspektes eine gute Alternative zu tierischen Proteinen darstellen können, wobei die Wahrscheinlichkeit hoch ist, dass auch Insekten Schmerzen empfinden. Da viele Tiere auf kleinstem Raum gehalten werden, ist zudem zu berücksichtigen, dass höchstwahrscheinlich analog zur konventionellen Massentierhaltung Medikamente eingesetzt werden, deren Rückstände möglicherweise in den Insekten zurückbleiben und die Gesundheit der Hunde belasten können. Im Vergleich zur Fütterung von Fleisch und tierischen Produkten scheint der Konsum von Insekten nach aktuellem Forschungsstand die deutlich bessere Wahl hinsichtlich des Umweltschutzes zu sein. Aus ethischer Sicht ist jedoch auch diese Fütterungsform kritisch zu hinterfragen und nicht zwangsläufig eine gute Alternative zur veganen Hundeernährung, zumal es sich hierbei ebenfalls um eine recht neue Fütterungsalternative für Hunde handelt, die noch wenig erforscht ist.

## Vegan vs. vegetarisch

| Selbstgekochte vegane Ration | Selbstgekochte vegetarische Ration |
|---|---|
| Unter ethischen, umweltbezogenen und nachhaltigen Aspekten ist diese Fütterungsform die geeignetste. Vor allem Hunde, die unter Unverträglichkeiten oder Allergien gegen tierische Proteinquellen leiden, profitieren von dieser Fütterungsart. | Hinsichtlich ethischer, umweltbezogener und gesundheitlicher Aspekte ist diese Fütterungsform mit der BARF-Fütterung vergleichbar. |
| Besteht aus frischen Zutaten und setzt sich aus fünf Komponenten zusammen:<br>• Proteinquelle<br>• Kohlenhydratquelle<br>• Öle<br>• Gemüse und Obst<br>• Ergänzungen und Toppings | Besteht ebenfalls aus frischen Zutaten und setzt auch aus fünf Komponenten zusammen, wobei die pflanzliche Proteinquelle gegen Milchprodukte oder Eier ausgetauscht wird:<br>• Milchprodukte oder Eier<br>• Kohlenhydratquelle<br>• Öle<br>• Gemüse und Obst<br>• Ergänzungen und Toppings |
| Pflanzliche Lebensmittel sind weniger gut verdaulich und enthalten nicht alle essenziellen Aminosäuren im ausreichenden Maß, sodass vereinzelte Aminosäuren ergänzt werden müssen. | Milchprodukte und Eier sind hoch verdaulich und enthalten alle essenziellen Aminosäuren im ausreichenden Maß. Milchprodukte können jedoch aufgrund des teilweise hohen Laktosegehalts von einigen Hunden nicht so gut vertragen werden. |
| Im Verhältnis zu ihrem Kaloriengehalt weisen unter anderem Linsen und Tofu einen höheren Proteingehalt als Eier auf. | Magerquark hat im Verhältnis zum Kaloriengehalt mit großem Abstand den höchsten Proteingehalt. |

### ... und was ist mit Insektenfutter?

| Insektenfutter |
| --- |
| Insekten gelten als neuartige Proteinquelle und enthalten alle essenziellen Aminosäuren im ausreichenden Maß. |
| Die Produktion dieser Proteinart ist deutlich umweltschonender als die Produktion tierischer Proteinquellen. |
| Möglicherweise verfügen Insekten jedoch auch über ein Schmerzempfinden und die Haltungsbedingungen sind auch hier kritisch zu hinterfragen. |
| Da es sich - ebenfalls wie die vegane Hundeernährung - um eine neuartige Fütterungsart handelt, ist auch hier noch weitere Forschung notwendig. |

# 5.

# Veganes Fertigfutter

Der Fertigfuttermarkt für Hunde ist riesig und Prognosen lassen vermuten, dass er in den nächsten Jahren weiterhin wachsen wird. So hat er im Jahr 2023 über 61 Milliarden US-Dollar erreicht und wird bis zum Jahr 2028 auf knapp 77 Milliarden US-Dollar wachsen. Dabei sind die drei Hauptproduzenten von Fertigfutter Mars Inc., Nestle Purina und Colgate Palmolive (Hill's Pet Nutrition).[66]

Dass die vegane Ernährung von Hunden kein kurzfristiger Trend zu sein scheint, zeigt auch hier ein Blick auf den Umsatz. Während der Markt für veganes Hundefutter im Jahr 2021 noch auf knapp 6,6 Millionen US-Dollar geschätzt wurde, wird im Jahr 2028 ein Umsatz von knapp elf Millionen US-Dollar erwartet – mit einer jährlichen Wachstumsrate von knapp acht Prozent. Dabei war der größte Anteil am globalen Markt für veganes Hundefutter im Jahr 2020 in Europa zu verorten, wobei vermutet wird, dass im Prognosezeitraum der asiatisch-pazifische Raum am schnellsten wachsen wird.[67]

Veganes Fertigfutter gibt es analog zum konventionellen Fertigfutter in verschiedenen Produkttypen, wie Trocken- und Nassfutter, Leckerlies und anderen Varianten, wobei das vegane Trockenfutter im Jahr 2020 der Marktführer war und einen Anteil von über 50 Prozent hatte. Der Marktanteil von veganem Nassfutter betrug hingegen nur knapp über 25 Prozent.[67]

Inzwischen ist zu beobachten, dass immer mehr kleinere und größere Fertigfutterhersteller veganes Hundefutter sowie Leckerlies anbieten und zum großen Teil auf eine hochwertige Qualität setzen. Viele dieser Hersteller wählen für die Zusammenstellung ihres Fertigfutters Hülsenfrüchte wie Linsen oder Erbsen als Proteinquelle und ergänzen diese mit Getreide beziehungsweise Pseudogetreide wie Reis oder Quinoa. Zudem ist immer ein Gemüseanteil vorzufinden sowie pflanzliche Öle. Wie bei allen Fertigfutterarten, unabhängig davon, ob es sich um veganes oder fleischbasiertes Futter handelt, ist eine Ergänzung mit bestimmten Vitaminen und Mineralstoffen zwingend notwendig.

Dass Fertigfutter im Allgemeinen so beliebt ist und immer mehr nachgefragt wird, liegt an verschiedenen Faktoren:

## Einfachheit

Fertigfutter, egal ob trocken oder nass, ist einfach zu lagern, zu portionieren und zu füttern. Es erfordert keine Zubereitungszeit und verlangt keine eigene Berechnung, da pauschale Fütterungsempfehlungen angegeben sind. Vor allem auf Reisen ist Fertigfutter sehr praktisch: Es lässt sich sehr gut mitnehmen, ohne dass eine Kochmöglichkeit gefunden werden muss.

## Zeitersparnis

Es liegt auf der Hand, dass es einen geringeren zeitlichen Aufwand darstellt, eine Fertigfutterdose oder -tüte aufzumachen und den Hund nach Packungsanleitung zu füttern, als selbst für ihn zu kochen. Die heutige schnelllebige Zeit hat nicht nur die Ernährung von Menschen, sondern auch von Hunden verändert und führte dazu, dass Nahrung nicht mehr zubereitet werden muss, sondern bereits fertig gekauft werden kann.

## Sicherheit

Das Nutzen von Fertigfutter gibt vielen Menschen die Sicherheit, dass ihre Hunde mit allem versorgt werden, was sie benötigen. Geschickte Marketingmaßnahmen haben dazu geführt, dass die Hundeernährung scheinbar zu einer komplizierten und nahezu gefährlichen Angelegenheit geworden ist, die eine große Gefahr der Fehlversorgung von Nährstoffen zu bergen scheint. Da viele Menschen verständlicherweise nur das Beste für ihre Hunde wollen, erscheint die Wahl eines Fertigfutters mit aussagekräftigem Werbeslogan und besonderen, gesundheitsförderlichen Zutaten als die nahezu einzige Möglichkeit, den Hund bedarfsgerecht zu versorgen.

## Kostenersparnis

In einigen Fällen kann Fertigfutter kostengünstiger sein als die Zubereitung von selbst gemachtem Futter. Vor allem Fertigfutter minderer Qualität ist für sehr wenig Geld erhältlich und mag dadurch preislich sehr attraktiv erscheinen. Gerade bei konventionellem, fleischbasiertem Fertigfutter wird hierbei oftmals auf sehr günstige Füllstoffe wie Getreide und tierische Nebenerzeugnisse gesetzt, die in der Regel nicht näher definiert werden. Allerdings gibt es immer mehr sehr hochwertige Fertigfutterfirmen, die auf eine sehr hohe Qualität der Zutaten setzen und die Zusammensetzung des Futters offenlegen. Im Verhältnis zum Selbstkochen sind sie aber oft teurer, vor allem, wenn es sich um Nassfutter handelt.

## Konsistenz

Fertigfutter bietet in der Regel eine immer gleichbleibende Konsistenz und Durchmischung der Zutaten, was bei einigen sehr wählerischen Hunden von Vorteil sein kann. Allerdings kann durch das Pürieren frisch gekochter Nahrung ebenfalls eine homogene Konsistenz hergestellt werden, sodass die Hunde gegebenenfalls einzelne Zutaten nicht mehr heraus sortieren können.

Den Vorteilen des Fertigfutters stehen jedoch auch diverse Nachteile gegenüber, die nicht unberücksichtigt bleiben sollten:

## Hochverarbeitete Nahrung

Fertigfutter – unabhängig davon, ob es vegan oder fleischbasiert ist – ist immer ein stark verarbeitetes Produkt, auch wenn es aus sehr hochwertigen Zutaten besteht. Vor allem der Herstellungsprozess von Trockenfutter bedarf einem mehr oder weniger großen Herstellungsaufwand: Bei extrudiertem Trockenfutter, das heute am bekanntesten ist, werden die Zutaten zunächst zu einem Nahrungsbrei verarbeitet und in einem sogenannten Extruder durch kleine Düsen gepresst. Durch Wasserdampf wird die Masse auf 120 Grad erhitzt und anschließend mit Fett, Vitaminen, Mineralstoffen und teilweise auch Konservierungsstoffen und weiteren chemischen Mitteln besprüht. Allerdings ist zu beobachten, dass viele Hersteller von veganem Fertigfutter auf den Zusatz von unerwünschten Zusatzstoffen verzichten. Alternativ gibt es auch kaltgepresstes Trockenfutter im Handel zu finden: Hierbei werden die Zutaten bei niedrigeren Temperaturen verarbeitet als beim herkömmlichen Extrusionsverfahren, mit dem Ziel, die hitzeempfindlichen Nährstoffe in den Zutaten besser erhalten zu können. Hierbei werden die gemischten Zutaten in eine spezielle Presse gegeben, die sie bei Temperaturen von 50 bis 80 Grad unter Druck in Pellets presst. Während extrudiertes Trockenfutter kaum noch wertvolle natürliche Inhaltsstoffe wie sekundäre Pflanzenstoffe und Antioxidantien enthält, argumentieren Verfechter des kaltgepressten Futters mit einem höheren Gehalt an wertvollen Inhaltsstoffen und mehr Natürlichkeit des Futters. Unabhängig davon, auf welche Art das Trockenfutter hergestellt wurde, liegt es nahe, dass es jedoch kein natürliches Produkt mehr ist, das frische und lebendige Lebensmittel enthält, vor allem, je länger es geöffnet gelagert wird. Zudem ist zu berücksichtigen, dass extrudiertes Trockenfutter stark im Magen quillt und eine ausreichende Trinkmenge benötigt. Wenn Hunde nicht genug Flüssigkeit aufnehmen, können die Nährstoffe nicht gut aufgeschlüsselt und verwertet werden, sodass Bauchschmerzen, Übelkeit oder Verstopfung die Folge sein können.

Auch wenn Nassfutter den Anschein erweckt, es sei ein natürlicheres Produkt, weil es nicht in Pellets gepresst ist, wird für den industriellen Herstellungsprozess ein starkes Erhitzen der Lebensmittel benötigt.

Zudem werden die bereits abgefüllten Dosen in einem weiteren Sterilisierungsprozess in einem speziellen Druckbehälter bei Überdruck auf 115 bis 140 Grad nochmals erhitzt, nachdem sie bereits abgefüllt wurden, sodass auch hierbei hitzeempfindliche Inhaltsstoffe größtenteils verloren gehen.

## Mögliche Schadstoffe und Verpackungsmüll

Die für das Nassfutter verwendeten Dosen werden in der Regel aus Weißblech hergestellt, das mit einer dünnen Schicht aus Zinn überzogen wurde, um die Dose vor Korrosion zu schützen. Allerdings handelt es sich bei Zinn um ein Schwermetall, das in das Futter übergehen kann, was vor allem dann passiert, wenn die Dose geöffnet im Kühlschrank aufbewahrt wird. Deswegen werden die meisten Dosen innen mit einem Kunststoff beschichtet. Allerdings entsteht damit ein neues Problem: Ein Bestandteil der Kunststoffbeschichtungen ist Bisphenol-A (BPA), eine künstlich hergestellte, chemische Verbindung, die im Körper hormonähnliche Wirkungen entfalten kann. Wie groß das tatsächliche gesundheitliche Risiko ist, das von BPA ausgeht, wird seit Jahren wissenschaftlich diskutiert.[68] Zwar gibt es auch Dosen aus Aluminium, die kein Zinn enthalten, jedoch sind diese ebenfalls mit Kunststoff ausgekleidet, sodass auch hier ein gesundheitliches Risiko bestehen kann. Dosen verursachen nicht nur viel Verpackungsmüll und schaden somit der Umwelt, sondern ihr Herstellungsprozess verbraucht zudem extrem viel Energie, da Rohstoffgewinnungs-, Veredelungs- und Schmelzprozesse die Produktion von Dosen sehr aufwändig machen. Zwar werden Dosen recycelt, jedoch wird für den Recyclingprozess viel Neumaterial benötigt, sodass sie im Allgemeinen keine umweltschonende Verpackungsmöglichkeit darstellen.

Eine weitere Variante stellt in diesem Zusammenhang Nassfutter im Glas dar, das jedoch aufgrund einer ebenfalls schlechten Umweltbilanz nicht vorteilhaft ist. Die Herstellung von Glas erfordert hohe Temperaturen, um die Rohmaterialien zu schmelzen, sodass viel Energie verbraucht wird, insbesondere wenn der Prozess mit fossilen Brennstoffen betrieben wird. Zwar kann inzwischen durch die Herstellung von Recyclingglas Energie eingespart werden, allerdings ist Glas deutlich schwerer und weniger bruchfest als Dosen.

## Eingeschränkte Vielfalt

Wenn Hunde ihr Leben lang dasselbe Futter bekommen, schränkt das die Lebensmittelvielfalt enorm ein und entspricht nicht einer abwechslungsreichen und ausgewogenen Ernährung. Obwohl in der menschlichen Ernährung bekannt ist, dass eine abwechslungsreiche Ernährungsweise viele gesundheitliche Vorteile bringt, werden Hunde oft über Jahre hinweg sehr einseitig ernährt. Das wirkt sich auf Dauer vor allem auf die Darmgesundheit negativ aus: Die Darmflora besteht aus unzähligen nützlichen Bakterien, die unter anderem für ein starkes Immunsystem der Hunde verantwortlich sind. Damit sie im Gleichgewicht bleibt, ist es jedoch notwendig, dass alle benötigten Bakterien in einer ausreichenden Anzahl und Vielfalt vorliegen. Da über 60 Prozent der Vielfalt an Darmbakterien durch die Ernährung beeinflusst wird, ist eine abwechslungsreiche, vollwertige und vor allem frische Ernährung zur langfristigen Erhaltung der Darmflora unabdingbar.

## Keine Handhabe über die Zusammenstellung der Zutaten

Wenn auf Fertigfutter zurückgegriffen wird, ist es nicht möglich, verschiedene Lebensmittel miteinander zu kombinieren und somit herauszufinden, welche Lebensmittel der Hund besonders gerne mag. Selbst gekochte Rationen sind eine gute Möglichkeit, den eigenen Hund besser kennenzulernen und ihm mit dem richtigen Futter eine Freude zu machen. Nebenbei kann das Kochen für den Hund auch die Bindung stärken, denn bekanntlich geht Liebe durch den Magen. Zudem ist es bei einem Verdacht auf mögliche Lebensmittelunverträglichkeiten oder Allergien mit Fertigfutter nur schwer möglich, konkret herauszufinden, welche Zutaten für die Beschwerden verantwortlich sein könnten. Oft werden mehr oder weniger erfolgreich die Fertigfuttermarken gewechselt, ohne zu wissen, wo genau die Ursache liegt, weil keine einzelnen Lebensmittel gezielt weggelassen werden können. Bei einem Wechsel auf ein anderes hypoallergenes Fertigfutter sind zudem meist ganz andere Inhaltsstoffe enthalten, sodass die Gefahr besteht, dass der Hund auch gegen diese Zutaten allergisch sein könnte oder sie nicht verträgt, sodass mit einer Ausschlussdiät auf Basis einer selbstgekochten Ration die Wahrscheinlichkeit größer ist, Klarheit zu erlangen.

## Unklare Inhaltsstoffe und pauschale Fütterungsempfehlungen

Nach wie vor sind Futterhersteller nicht verpflichtet, alle verwendeten Inhaltsstoffe offenzulegen. In der Zutatenliste sind zwar die verwendeten Einzelfuttermittel in absteigender Reihenfolge ihrer Gewichtsanteile zu sehen, allerdings kann jeder Hersteller selbst entscheiden, ob er die Zutaten offen oder geschlossen deklarieren möchte. Offen bedeutet, dass die Zutaten einzeln aufgezählt werden, wohingegen es sich bei einer geschlossenen Deklaration um zusammengefasste Angaben in gesetzlich definierten Kategorien handelt, die nicht unbedingt viel Aussagekraft haben. Erfreulicherweise sind bei vielen veganen Fertigfuttermitteln offene Deklarationen zu sehen, die einen guten Einblick in die Zusammensetzung geben. Allerdings bietet das keine Sicherheit, dass das Fertigfutter wirklich alle benötigten Nährstoffe für die individuellen Bedürfnisse des Hundes bereitstellt, auch wenn sie als vollwertige Alleinfuttermittel deklariert werden. Denn unabhängig davon, ob es sich um veganes oder fleischbasiertes Fertigfutter handelt, sind die Fütterungsempfehlungen zwangsläufig sehr pauschal gehalten und können die individuellen Bedürfnisse des jeweiligen Hundes nicht voll und ganz berücksichtigen.

Zusammenfassend ist festzustellen, dass Fertigfutter Vorteile wie auch Nachteile mit sich bringt. Es erweist sich durchaus als sehr praktisch, da lediglich die Verpackung geöffnet und die Portionierungsempfehlung berücksichtigt werden muss. Durch die sehr lange Haltbarkeit kann es zudem auf Vorrat gekauft und sehr bequem in den Urlaub mitgenommen werden. Fertigfutter ermöglicht es, die Ernährung des Hundes zu einer sehr praktikablen und einfachen Angelegenheit zu machen und lässt den Eindruck entstehen, dass man sich wenig mit diesem Thema beschäftigen muss, wenn erst einmal das richtige Futter gefunden wurde.

So positiv diese Vorteile klingen mögen, gibt es jedoch durchaus auch einige Nachteile, die nicht ungeachtet bleiben dürfen. Denn Fertigfutter ist ein hoch verarbeitetes Produkt, das durch den jeweiligen Herstellungsprozess kaum beziehungsweise deutlich weniger wertvolle, natürliche Inhaltsstoffe aufweist als frisch gekochte Nahrung. Vor allem hitzeempfindliche Inhaltsstoffe wie einige Vitamine, Antioxidantien und sekundäre Pflanzenstoffe sind nicht mehr in dem Maße vorhanden, wie es bei einer natürlichen Zubereitung der Fall ist. Während die Herstellung von Trockenfutter zusätzliche Prozesse des Trocknens und Pressens erfordert, birgt Nassfutter hingegen die Gefahr, dass Schadstoffe aus der Dose in die Nahrung übergehen, die auf Dauer die Gesundheit gefährden könnten. Da Trockenfutter hingegen oft über einen längeren Zeitraum geöffnet gelagert wird, verliert es durch Oxidation in diesem Zeitraum bestimmte Nährstoffe und die darin enthaltenen Fette können schnell ranzig werden. Auch das Füttern nach pauschalen Fütterungsempfehlungen kann dazu führen, dass der individuelle Nährstoffbedarf nicht optimal berücksichtigt wird.

Die einfache Handhabung des Fertigfutters führt zudem dazu, dass sich Hundebesitzer weniger mit den ernährungsphysiologischen Bedürfnissen ihrer Hunde beschäftigen und kein Gefühl dafür bekommen, welche Lebensmittel ihnen wirklich schmecken. Auch ist es nahezu unmöglich, bei Unverträglichkeiten und Allergien die einzelnen Zutaten als konkrete Ursachen ausfindig zu machen, sodass oft darauf geschlossen wird, dass das gesamte Futter nicht vertragen wird und somit als logische Konsequenz ein Wechsel des Futterherstellers erfolgt.

Unter diesen Aspekten sollten Hundebesitzer alle Vor- und Nachteile von Fertigfutter gegeneinander abwägen und für sich entscheiden, ob bei der Ernährung ihrer Hunde die Bequemlichkeit über dem Zubereitungsaufwand eines frischen Futters steht. Es gibt viele hochwertige vegane Fertigfutter, die sich selbst einem hohen Qualitätsanspruch verpflichtet haben, doch auch sie bleiben hoch verarbeitete Lebensmittel. Hinzu kommt, dass eine hohe Qualität oft einen hohen Preis hat und somit in keinem Verhältnis mehr zu selbst zubereiteten Rationen steht.

### Veganes Fertigfutter - pro und contra

| Pro | Contra |
|---|---|
| Durch Fertigfutter lässt sich die Fütterung des Hundes gut in den Alltag integrieren, da es nicht zubereitet werden muss. Das spart Zeit. | Bei Fertigfutter handelt es sich immer um hochverarbeitete Nahrung, sodass durch den Verarbeitungsprozess einige Nährstoffe verloren gehen. |
| Da nicht beachtet werden muss, welche Lebensmittel miteinander kombiniert werden sollten, ist Fertigfutter einfach in der Handhabung. | Dosenfutter kann mit Schadstoffen, wie beispielsweise BPA belastet sein. |
| Fertigfutter bietet die Sicherheit, dass der Hund mit allem versorgt wird, was er braucht. | Vor allem Dosenfutter verursacht viel Verpackungsmüll und ist aus umwelttechnischer Sicht nicht zu empfehlen. |
| Trockenfutter ist in der Regel am günstigsten. | Nassfutter ist in der Regel am teuersten. |
| Vor allem auf Reisen ist Fertigfutter sehr praktisch. | Die Zutaten können nicht variiert und bei Unverträglichkeiten können nicht gezielt einzelne Zutaten weggelassen werden. |
| Fertigfutter bietet immer die gleiche Konsistenz, sodass es von wählerischen Hunden möglicherweise besser akzeptiert wird. | Nicht immer besteht Klarheit über die verwendeten Inhaltsstoffe. |
| | Fertigfutter ist in der Vielfalt eingeschränkt und das Angebot beruht nur auf ein paar verschiedenen Sorten. |
| | Es existieren nur pauschale Fütterungsempfehlungen, die nicht immer für jeden Hund passen. |

# 6.

# Kostenvergleich Vegan vs. BARF

Der Kostenaspekt in der Hundeernährung kann ein wichtiger Entscheidungsfaktor bei der Wahl der Fütterungsart sein. Aus diesem Grund soll an dieser Stelle ein Blick auf den finanziellen Aufwand geworfen werden, der bei folgenden Ernährungsformen durchschnittlich anfällt:

- veganes Trockenfutter
- veganes Nassfutter
- selbst gekochte vegane Rationen
- BARF

Es ist zu erwähnen, dass es sich hierbei um die Analyse von Stichproben handelt und nicht das gesamte Futtermittel- beziehungsweise Lebensmittelangebot in seiner Gänze betrachtet wurde. Aus diesem Grund kann nicht ausgeschlossen werden, dass eine Tagesration teurer oder günstiger ist, je nachdem, welches Angebot gewählt wird. Für einen genaueren Überblick über die Preisspannen wurden bei der Analyse Bioprodukte separat betrachtet.

Um eine Vergleichbarkeit herzustellen, wurde ein 20 Kilogramm schwerer Beispielhund mit einem normalen Aktivitätslevel gewählt, für den die jeweiligen Rationen berechnet wurden.

## Kosten für veganes Trockenfutter

Veganes Trockenfutter bewegt sich meist in einer Preisspanne von sechs Euro bis sieben Euro pro Kilogramm (Stand Anfang 2024), wobei es auch teurere Marken gibt, die einen Preis von über zehn Euro pro Kilogramm aufrufen. Auffällig ist, dass es nur sehr wenig Trockenfuttersorten in Bioqualität gibt und dieses Futter mit einer Preisspanne von 6,50 Euro bis zehn Euro nicht erheblich teurer ist als Trockenfutter ohne Biosiegel. Allerdings gibt es auch hierbei einige Firmen, die bis zu 18 Euro pro Kilogramm verlangen.

Bei Trockenfutter sind die Fütterungsempfehlungen im Allgemeinen deutlich geringer als bei Nass- und Frischfutter, da es durch den geringen Wassergehalt sehr komprimiert ist und dadurch eine hohe Nährstoffdichte aufweist. Das macht Trockenfutter verhältnismäßig günstig, da schlichtweg weniger gefüttert werden muss, um den Kalorienbedarf zu decken.

Für einen 20 Kilogramm schweren Hund beläuft sich die durchschnittliche Fütterungsempfehlung auf 250 bis 280 Gramm täglich, sodass die Kosten mit ungefähr 1,50 Euro bis zwei Euro pro Tag anzusetzen sind.

Wenn Trockenfutter in Bioqualität gewählt wird, ist mit Kosten in Höhe von 2,50 Euro bis drei Euro pro Tag zu rechnen.

## Kosten für veganes Nassfutter

Nassfutter ist im Vergleich zum Trockenfutter teurer und weist eine durchschnittliche Preisspanne von 7,50 Euro bis 12,50 Euro pro Kilogramm auf. Auch beim Nassfutter kommt Bioqualität relativ selten vor, unterscheidet sich preislich aber auch nicht signifikant von Nassfuttersorten ohne Biosiegel.

Da Nassfutter einen deutlich höheren Wasseranteil besitzt, ist die Nährstoffdichte nicht so hoch wie beim Trockenfutter, sodass eine deutlich größere Menge gefüttert werden muss. Das macht Nassfutter prinzipiell zu einer recht teuren Futterart, für die im Durchschnitt für den Beispielhund rund sechs Euro bis acht Euro pro Tag veranschlagt werden können – unabhängig davon, ob es sich um Bioqualität handelt oder nicht.

## Kosten für selbst gekochte vegane Rationen

Wenn für den Beispielhund vegan gekocht wird, unterscheiden sich die Preise für die Tagesration teilweise erheblich, abhängig davon, welche Zutaten verwendet werden.

Es wurde grob folgende Aufteilung der Ration zugrunde gelegt:

- 45 % pflanzliche Proteinquellen
- 30 % Kohlenhydratquellen
- 25 % Gemüse
- zuzüglich pflanzliche Öle
- zuzüglich Nahrungsergänzungen und Toppings

Aufgrund dieser Aufteilung ergibt sich ein ungefährer finanzieller Aufwand in Höhe von 2,50 bis 3 Euro am Tag. Wenn auf Bioqualität gesetzt wird, ist durchschittlich mit 3,50 bis 4 Euro täglich zu kalkulieren.

## Kosten für BARF

Auch bei der BARF-Fütterung können die Kosten sehr variieren, je nachdem woher das Fleisch bezogen wird und welche Qualität es hat.

Es wurde folgende Aufteilung zugrunde gelegt:

- 40 % Muskelfleisch
- 16 % Pansen / Blättermagen
- 12 % Innereien
- 12 % fleischige Knochen / Knorpel
- 20 % Gemüse
- Zuzüglich Öle und Ergänzungsmittel

Daraus ergeben sich durchschnittliche Kosten pro Tag in Höhe von knapp drei Euro bis vier Euro für konventionelles Fleisch beziehungsweise sechs Euro bis sieben Euro für Biofleisch.

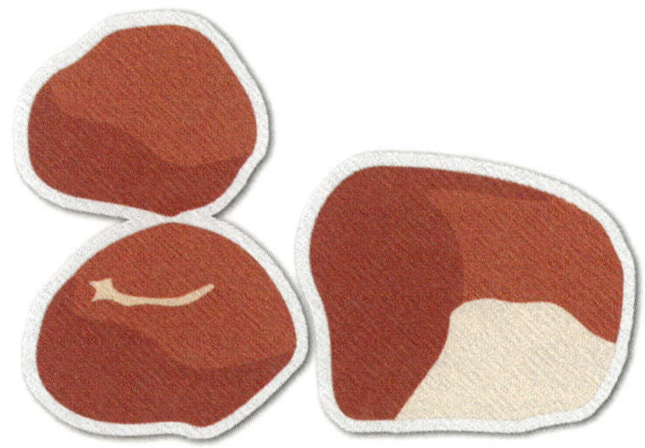

| | veganes Trockenfutter | veganes Nassfutter | selbstgekochte vegane Ration | BARF-Ration |
|---|---|---|---|---|
| konventionell | 1,50 - 2,00 EUR | 6,00 - 8,00 EUR | 2,50 - 3,00 EUR | 3,00 - 4,00 EUR |
| bio | 2,50 - 3,00 EUR | 6,00 - 8,00 EUR | 3,50 - 4,00 EUR | 6,00 - 7,00 EUR |

Kostenvergleich von veganem Fertigfutter, selbstgekochten veganen Rationen und BARF-Rationen

Es zeigt sich im direkten Kostenvergleich, dass eine Tagesration des veganen Trockenfutters aufgrund der geringen Fütterungsmenge am günstigsten ist, jedoch dicht gefolgt von den Kosten für eine selbst gekochte vegane Tagesration, die ebenfalls recht kostengünstig ist. Die Kosten für die BARF-Tagesration liegen hingegen höher als bei der selbst gekochten veganen Tagesration, und wenn sich für veganes Nassfutter entschieden werden sollte, muss mit den höchsten Kosten kalkuliert werden.

# 7.

# Vegane Fütterung bei Krankheiten und in bestimmten Lebensphasen

Die Ernährung von Hunden spielt für ihre Gesundheit eine zentrale Rolle. Besonders in Zeiten von Krankheiten oder während bestimmter Lebensphasen, in denen der Körper möglicherweise einen spezifischen Nährstoffbedarf aufweist, ist es wichtig, dass er mit allem versorgt wird, was er braucht. Während die vegane Hundeernährung allgemein an Popularität gewinnt, stellt sich die Frage, wie sich diese Fütterungsform auf Hunde bei Krankheiten, im Wachstum oder im Alter auswirkt.

Im Folgenden werden wissenschaftliche Erkenntnisse und praktische Erfahrungen aufgezeigt, ob eine vegane Hundeernährung auch in diesen Zeiten möglich ist.

Es wird darauf hingewiesen, dass die beschriebenen Fütterungshinweise zu den verschiedenen Krankheitsbildern keine konkreten Handlungsempfehlungen darstellen und eine ärztliche Abklärung, medizinische Maßnahmen sowie eine professionelle Rationsgestaltung nicht ersetzen.

## Lebererkrankungen

Eine vegane Ernährung von Hunden mit Leberproblemen ist unter Umständen möglich, erfordert jedoch eine sorgfältige Planung und Überwachung der Rationsgestaltung, um sicherzustellen, dass sie den individuellen Bedürfnissen des Hundes entspricht und die gesundheitlichen Herausforderungen berücksichtigt werden.

Eine Lebererkrankung kann verschiedene Ursachen haben und es ist nicht mit Sicherheit vorherzusagen, inwiefern eine entsprechende Ernährungsweise die Regeneration der Leber positiv beeinflussen kann. Dennoch ist es sinnvoll, je nach vorliegender Erkrankung einige Ernährungsprinzipien zu beachten, da diese die Leber unterstützen.[10]

Das Ziel der Ernährung von leberkranken Hunden sollte in erster Linie eine ausreichende Versorgung mit Energie und Nährstoffen sowie eine Reduzierung der die Leber belastenden Abbauprodukte aus dem Darmkanal sein. Aus diesem Grund ist es wichtig, Rationen so zu gestalten, dass der Hund sein Gewicht halten kann, weil bei einer Gewichtsreduktion entsprechende Abbauprodukte anfallen. Eine gute Energiequelle stellt beispielsweise aufgeschlossene Stärke dar. Diese ist unter anderem in lang gekochtem Pseudogetreide und Getreide zu finden.

Auch ist es wichtig, den Proteingehalt in der Nahrung entsprechend der Blutwerte anzupassen. Einige Hunde benötigen bei Lebererkrankungen eine Reduktion der Proteinmenge, während andere weiterhin moderate Mengen an Protein bekommen sollten. Da die Leber für die Verstoffwechselung von Proteinen verantwortlich ist, sollte je nach Erkrankung darauf geachtet werden, dass sie nicht zusätzlich durch eine zu hohe Proteinmenge belastet wird. Zudem ist eine hohe Proteinqualität wichtig, damit die gefütterten Proteine nicht nur gut verdaulich sind, sondern auch eine hohe biologische Wertigkeit aufweisen. Das Ziel ist es, dass möglichst wenig „Abfall“ übrigbleiben soll, der entgiftet werden muss.

Auch wenn vor allem hochwertiges Muskelfleisch, Eier oder Milchprodukte als hoch verdaulich gelten, können auch vegane Proteinquellen ausgetestet werden, etwa Tofu, der ebenfalls eine gute Proteinqualität aufweist. Allerdings sollte berücksichtigt werden, dass allgemein die Verdaulichkeit von pflanzlichen Proteinen im Vergleich zu tierischen geringer ausfällt und vegane Rationen zudem einen höheren Fasergehalt beinhalten, der sich ebenfalls negativ auf die Gesamtverdaulichkeit auswirkt.

Zudem ist auf eine ausreichende Zufuhr der essenziellen Aminosäure Arginin zu achten, die in hohem Maße in tierischen Produkten und in Nüssen und Samen enthalten ist, da ein hoher Arginin-Gehalt in der Nahrung die Leber bei der Entgiftung unterstützt. Die unentbehrliche Aminosäure Methionin sollte hingegen auf ein Minimum reduziert werden, weil hierdurch Stoffwechselprodukte anfallen, die den Körper des Hundes belasten. Dahingehend eignet sich die vegane Hundeernährung sehr gut, da sie verhältnismäßig arm an Methionin ist.[10]

Ein hoher Fettgehalt in der Nahrung ist hingegen weniger ein Problem, sofern der Hund nicht an einem Gallenstau oder einer Fettleber leidet. Fettreiche Nahrung deckt den Energiebedarf sehr gut ab und kann aufgrund seiner Schmackhaftigkeit einen Fressanreiz bei Appetitmangel darstellen. In diesem Zusammenhang sind vor allem die essenziellen Omega-3 und Omega-6-Fettsäuren wichtig, die in einem optimalen Verhältnis zueinander vorliegen sollten und dem Hund mit einer veganen Fütterung in Form von hochwertigen Pflanzenölen, Nüssen, Kernen oder Samen sehr gut zur Verfügung gestellt werden können.

Aus diesen Gründen ist eine vegane Ernährung von leberkranken Hunden nicht in jedem Fall zu empfehlen und sollte immer vom Hund und der vorliegenden Krankheit abhängig gemacht werden. Wenn keine Anzeichen gegen eine vegane Fütterung vorliegen, ist diese gut darstellbar. Unabhängig von der Fütterungsform sollte aber in jedem Fall eine individuelle und professionelle Rationsgestaltung erfolgen, die engmaschig überwacht wird.

## Nierenerkrankungen

Nierenerkrankungen haben verschiedene Ursachen und nierenkranke Hunde können unter Umständen vegan ernährt werden, wenn die Rationsgestaltung den spezifischen Anforderungen entspricht, die die jeweilige Krankheit mit sich bringt.

Wichtig ist vor allem, dass die Ernährung generell frühzeitig entsprechend angepasst wird, mit dem Ziel, das Fortschreiten des Krankheitsverlaufs zu verlangsamen und die Lebensqualität so gut es geht, aufrechtzuerhalten. Da nierenkranke Hunde oft einen verminderten Appetit aufweisen, sollten die Rationen so schmackhaft gestaltet werden, dass sie eine ausreichende Futteraufnahme gewährleisten und somit Gewichtsverlust und Muskelabbau entgegenwirken.[10]

Bei Nierenerkrankungen ist eine moderate Reduzierung des Proteingehalts angeraten, der anhand von regelmäßigen Blutuntersuchungen angepasst werden sollte. Bei einigen Krankheitsfällen ist jedoch auch eine stärke Proteinreduktion notwendig. Zudem sollte ebenfalls darauf geachtet werden, den Phosphorgehalt in der Ration zu verringern, um die Bildung harnpflichtiger Stoffwechselprodukte zu reduzieren und damit die Nieren zu entlasten. Zwar werden bei Nierenproblemen hochverdauliche Proteinquellen wie Fleisch, Milchprodukte und Eier empfohlen, jedoch ist es durchaus möglich, auf pflanzliche Proteinquellen wie Tofu zu setzen, sofern sie der Hund mag und gut verträgt.

Eine Rationsergänzung mit Omega-3-Fettsäuren kann bei nierenkranken Hunden positive Effekte mit sich bringen, sodass der Einsatz von Algenöl sinnvoll ist.

Kohlenhydratquellen wie Reis oder Kartoffeln eignen sich hierbei sehr gut und sind als Energieträger unerlässlich, wenn sie entsprechend zubereitet und die Stärke durch langes Kochen aufgeschlossen wurden. Außerdem tragen sie dazu bei, dass Protein- und Phosphorgehalt gesenkt werden und die Ration damit nierenschonend gestaltet werden kann.[10]

Wenn ein nierenkranker Hund vegan ernährt werden soll, ist es anzuraten, die Möglichkeit einer veganen Fütterung zu überprüfen und die Ration auf die vorliegende Krankheit anzupassen sowie professionell begleiten zu lassen.

## Bauchspeicheldrüsenerkrankungen

Wenn Hunde Probleme mit der Bauspeicheldrüse haben, ist es wichtig, auf eine angepasste Ration zu achten, die unter Umständen auch vegan gestaltet werden kann, wenn sie individuell zusammengestellt und auf das Krankheitsbild abgestimmt ist.

Eine entsprechende Diät sollte so gestaltet sein, dass der kranke Hund mit einer kohlenhydratreichen, aber fettarmen Ernährung unterstützt wird, die viel hoch verdauliches Protein beinhaltet.[10]

Durch eine vegane Ration ist es sehr gut möglich, einem hohen Kohlenhydratanteil gerecht zu werden, sofern die Kohlenhydratquelle entsprechend zubereitet und die Stärke aufgeschlossen wird. Gut geeignet sind beispielsweise Hirse, Reis, Amaranth oder Kartoffeln. Zudem sollte der Fettgehalt niedrig gehalten werden, was sich ebenfalls mit veganen Lebensmitteln gut umsetzen lässt, da vegane Rationen in der Regel fettärmer sind als fleischbasierte.

Auch wenn Muskelfleisch sowie Milchprodukte und Eier eine höhere Verdaulichkeit aufweisen, können vegane Proteinquellen wie Tofu ausprobiert werden, wenn sie der Hund mag und gut verträgt. Es ist durchaus möglich, Hunde mit Bauchspeicheldrüsenproblemen vegan zu ernähren, wobei immer die zugrunde liegenden Krankheitssymptome betrachtet werden müssen.

## Herzerkrankungen

Hunde mit Herzproblemen können in der Regel vegan ernährt werden, wenn einige Besonderheiten beachtet werden. Wichtig ist in diesem Zusammenhang vor allem eine natriumarme Ernährung. Da vegane Lebensmittel im Allgemeinen natriumarm sind, stellt diese Ernährungsform eine gute Möglichkeit dar, dieser Anforderung gerecht zu werden.

Außerdem zeigen neuere Erkenntnisse, dass herzkranke Hunde Anzeichen einer erhöhten oxidativen Belastung aufweisen, sodass unter anderem auf eine gute Bedarfsdeckung mit Selen und Vitamin E geachtet werden sollte.[10] Zusätzlich sollten Carnitin und Taurin zum Einsatz kommen. Auch wenn der Körper des Hundes Carnitin und Taurin aus bestimmten essenziellen Aminosäuren selbst herstellen kann, hat sich gezeigt, dass eine Ergänzung bei Herzerkrankungen sinnvoll ist. Zwar sollten gerade herzkranke Hunde mit hoch verdaulichen Proteinen versorgt werden und pflanzliche Lebensmittel weisen allgemein eine schlechtere Verdaulichkeit als tierische auf, jedoch ist eine vegane Ernährung nicht grundsätzlich abzulehnen.

Vor allem bei Herzkrankheiten wird die Zuführung von Omega-3-Fettsäuren, optimalerweise aus Algenöl, empfohlen, da diese einen positiven Einfluss auf das Herz haben können.

Somit kann eine sinnvoll gestaltete vegane Ernährung für herzkranke Hunde gut geeignet sein.

## Inflammatorische Darmerkrankungen (IBD)

Inflammatorische Darmerkrankungen (IBD) gehören zu den häufigsten chronischen Darmerkrankungen in der Praxis und werden wahrscheinlich durch mehrere Faktoren hervorgerufen. Weil die Ursache für die Krankheitsentstehung noch nicht geklärt ist, wird vermutet, dass die betroffenen Hunde auf bestimmte Futtermittel oder bestimmte Bakterien in der Darmflora mit Entzündungen reagieren. Dabei beeinflusst die IBD das Wohlbefinden der Hunde immens, da chronische Verdauungsstörungen nicht nur die Nährstoffversorgung beeinträchtigen, sondern auch von massivem Durchfall, Gewichtsverlust, Müdigkeit sowie weiteren Problemen begleitet werden können.

Wahrscheinlich handelt es sich bei IBD um eine Autoimmunkrankheit, bei der die Darmschleimhaut durch eine ständige Reizung entzündet ist und infolgedessen dauerhaft anschwellen und sogar vernarben kann. Dabei scheint die Darmflora eine entscheidende Rolle zu spielen, da in der Regel ein Ungleichgewicht in den Darmbakterien zu beobachten ist. Als Folge wird die Nahrung nicht mehr richtig verdaut und zu schnell wieder ausgeschieden. Weil die Nährstoff- und Energieaufnahme im Darm stattfindet, können betroffene Hunde das Futter nicht richtig verdauen und leiden oft an einer Resorptionsstörung, mit der

Folge, dass sie massiv an Gewicht verlieren und energielos sind.

Die Darmschleimhaut dient auch dem Schutz vor unerwünschten schädlichen Stoffen wie krankheitserregenden Keimen. Ist die Darmbarriere nicht mehr intakt, wird vom Leaky Gut Syndrom gesprochen, das oft bei IBD vermutet wird und weitere gesundheitliche Risiken wie Mangelerscheinungen oder Entzündungen mit sich bringen kann. In diesem Zusammenhang spielt die Darmflora eine entscheidende Rolle, die Darmschleimhaut aufrechtzuerhalten, damit keine unerwünschten Stoffe in den Blutkreislauf gelangen. Auch wenn die Forschung aktuell noch keine klaren Ursachen für IBD gefunden hat, könnte die weitere Erforschung des Leaky Gut Syndroms und seiner Wechselwirkung mit Darmflora und Immunsystem dazu beitragen, die Entstehung dieser Krankheit aufzuklären.[69]

Aus diesem Grund sollte neben einer geeigneten Ernährungsweise der Fokus auf die Wiederherstellung beziehungsweise Optimierung der Darmflora gelegt werden. Dabei kann ein individuell abgestimmtes Programm zur Darmsanierung unterstützend wirken, das darauf ausgerichtet ist, auf eine natürliche Weise die Darmflora wieder ins Gleichgewicht zu bringen und dadurch möglicherweise die Symptome der IBD zu lindern beziehungsweise die Schübe hinauszuzögern. An dieser Stelle sollte auf eine professionelle Begleitung und die Zusammenstellung eines individuellen Darmprogramms gesetzt werden, da die Verwendung von einzelnen Präparaten in der Regel nicht ausreicht, um die Darmflora wieder in ihr Gleichgewicht zu bringen. Aus diesem Grund ist ein ganzheitliches Programm mit verschiedenen, aufeinander abgestimmten Komponenten angeraten.

Vor allem bei IBD sollten die Futterkomponenten sorgsam ausgewählt werden, um den Verdauungstrakt möglichst zu schonen. Somit wird empfohlen, auf eine einzige hochverdauliche und hochwertige Proteinquellen zu setzen und eine Kohlenhydratquelle zu wählen, wobei sich Reis als vorteilhaft bewährt hat.[10]

Zur zusätzlichen Darmentlastung sollten die Rationen zudem fettreduziert sein, wobei ebenfalls darauf geachtet werden muss, dass der Hund sein Gewicht halten kann und nicht weiter abnimmt.

Eine vegane Ernährung bei IBD kann gut geeignet sein, wenn Tofu als gut verdauliche Proteinquelle gewählt und auf Gemüse verzichtet wird. Aufgrund dessen, dass hochwertiges Muskelfleisch, Insekten oder vegetarische Lebensmittel insgesamt eine bessere Proteinqualität aufweist als die restlichen veganen Lebensmittel, sollte – wenn der Hund kein Tofu mag oder verträgt – lieber darauf ausgewichen werden.

Eine vegane Ernährung von Hunden, die an IBD leiden, ist aus diesen Gründen nicht immer zu empfehlen, aber auch nicht pauschal abzulehnen. In jedem Fall sollte die Rationsgestaltung aber professionell begleitet und engmaschig überwacht werden.

# Harnsteine

Unter Harnsteinen ist eine Ansammlung mineralhaltiger Kristalle zu verstehen, die sich im Bereich der Harnwege, meist in der Blase, festsetzen und zu gesundheitlichen Problemen führen. Für die Ausscheidung von Mineralstoffen und Stoffwechselabbauprodukten sind die Nieren verantwortlich, die diese Stoffe zur Entleerung in die Blase leiten. Dabei können sich die Harnsteine in ihrer Zusammensetzung voneinander unterscheiden und ihre Entstehung unterschiedliche Ursachen haben. Bei Harnsteinen ist eine vegane Ernährung prinzipiell möglich, sofern bekannt ist, um welche Art von Harnsteinen es sich handelt und wodurch sie ausgelöst wurden: durch Erkrankung, der Menge an Mineralien im Urin, dem pH-Wert des Urins oder durch Entzündungen.

Der pH-Wert des Urins von Hunden wird im Allgemeinen als sauer angesehen, wenn er unter dem Wert sieben liegt, wohingegen ein Wert von über sieben als alkalisch gilt. Beträgt der pH-Wert genau sieben, ist der Urin des Hundes neutral. Ein normaler pH-Wert des Hundeurins liegt typischerweise zwischen fünf und sieben, wobei ein Wert nahe bei sechs oder etwas darunter als optimal angesehen wird. Ein saurer pH-Wert im Urin ist wichtig, um das Wachstum von Bakterien zu verhindern und die Gesundheit des Harntrakts zu unterstützen.

Bevor eine entsprechende Diät zusammengestellt wird, ist es generell wichtig, die Art der Harnsteine zu analysieren, um mit der entsprechenden Ernährungsweise einer Neubildung bestmöglich entgegenzuwirken. Während die Rückbildung von Struvitsteinen über die richtige Ernährung beeinflusst werden kann, wirkt eine angepasste Ernährungsweise bei den anderen Arten der Harnsteine nur prophylaktisch. Wenn Hunde zu Harnsteinen neigen, ist allgemein auf eine hohe Wasseraufnahme zu achten, um die Konzentration des Harnstoffs zu reduzieren.

Struvitsteine sind dabei mit 60 Prozent die häufigste Art von Harnsteinen, gefolgt von Calciumoxalatsteinen mit 15 Prozent. Während Cystin- und Uratsteine eher bei bestimmten Hunderassen vorkommen, die genetisch dazu veranlagt sind, entstehen Silikatsteine eher selten.[10] Aufgrund der Häufigkeit von Struvit- und Calciumoxalatsteinen sollen diese hier diätetisch näher betrachtet werden:

## Struvitsteine

Struvitsteine lassen sich in der Regel diätetisch beeinflussen, sodass die Zufuhr an Phosphor, Magnesium und Proteinen reduziert werden sollte. Außerdem sollte der pH-Wert im sauren Milieu gehalten und regelmäßig kontrolliert werden, um das Risiko der Neubildung zu minimieren und um bestehende Steine aufzulösen.

Da eine vegane Ernährung einen eher basischen pH-Wert des Urins verursacht, muss bei Struvitsteinen verstärkt darauf geachtet werden, dass sich der pH-Wert im sauren Milieu befindet. Das kann durch die Zugabe der essenziellen Aminosäure Methionin bewirkt werden. Da vegane Lebensmittel verhältnismäßig wenig Methionin enthalten, ist eine Ergänzung mit Methionin ohnehin angeraten – unabhängig davon, ob Struvitsteine vorliegen. Sicherheitshalber sollte ergänzend eine regelmäßige Kontrolle des pH-Wertes im Urin erfolgen, was mit speziellen Teststäbchen erfolgen kann.

Darüber hinaus kann die notwendige Reduktion von Phosphor, Magnesium und Proteinen gut über eine vegane Ernährung erfolgen, sodass diese Ernährungsform bei Struvitsteinen prinzipiell greifen kann.

### Calciumoxalatsteine

Calciumoxalatsteine sind schwieriger diätetisch zu beeinflussen als Struvitsteine. Hier sollte die Aufnahme von Calcium und Vitamin D auf ein bedarfsdeckendes Maß reduziert und oxalsäurereiche Lebensmittel vermieden werden, wie etwa rote Bete und Spinat. Allerdings stammt ein Großteil der Oxalate aus Stoffwechselprozessen der Aminosäure Glycin, die vermehrt im Kollagen des bindegewebsreichen Fleisches vorhanden ist, sodass dieses ebenfalls vermieden werden soll. Der pH-Wert des Urins sollte bei dieser Harnsteinart eher im neutralen bis leicht alkalischen Bereich liegen.

Unter Berücksichtigung der Besonderheiten, die Calciumoxalatsteine mit sich bringen, kann eine vegane Ernährung sinnvoll sein.

## Diabetes mellitus

Diabetes mellitus stellt eine Stoffwechselstörung dar, die in zwei unterschiedlichen Arten eingeteilt werden kann. Während bei Typ 1 eine unzureichende Insulinproduktion erfolgt und oft eine Folge von massivem Übergewicht oder einer genetischen Veranlagung ist, ist Typ 2 auf eine mangelnde Insulinwirkung trotz ausreichender Insulinproduktion zurückzuführen.[10]

Unabhängig davon, um welche Art es sich handelt, ist in beiden Fällen die Glukoseaufnahme der Zellen reduziert, sodass nach der Fütterung der Blutglukosespiegel extrem ansteigt und nicht wieder auf das Ausgangsniveau sinkt. Neben dem Einsatz von Insulinpräparaten ist vor allem auf eine adäquate Ernährungsweise zu achten.

Wichtig ist hierbei eine konstante Rationszusammensetzung, um den Insulinbedarf nicht unnötig zu variieren. Sehr gut eignen sich unter anderem komplexe Kohlenhydratquellen, wenn die Stärke durch langes

Kochen gut aufgeschlossen wird und die Freisetzung von Glukose langsam erfolgt, wie etwa bei Hirse. Der Einsatz von Faserstoffen kann sich bei dieser Krankheit positiv auswirken, wohingegen der Proteingehalt keine Rolle spielt, sodass, sofern keine weiteren Erkrankungen vorliegen, keine Reduktion erforderlich ist.[10]

Aus diesen Gründen ist eine vegane Ernährung von Hunden, die an Diabetes mellitus leiden, in der Regel unproblematisch.

## Übergewicht und Adipositas

Übergewicht beziehungsweise Adipositas ist bei Hunden ein wachsendes Problem, bringt zahlreiche gesundheitsschädliche Folgen mit sich und verkürzt die Lebensdauer. Zudem kann sich ein erhöhtes Gewicht abhängig vom Schweregrad des Übergewichts auch auf die Lebensqualität der Hunde auswirken. Problematisch ist, dass viele Hundebesitzer es bei ihren Hunden nicht erkennen und oftmals das Übergewicht der Hunde mit dem der Hundebesitzer einhergeht.[70] Hunde gelten als übergewichtig, wenn ihr Körpergewicht zehn bis 15 Prozent über dem Idealgewicht liegt, wohingegen von Adipositas gesprochen wird, wenn das Körpergewicht 20 bis 30 Prozent darüber liegt. Übergewicht in solch einem Ausmaß birgt ein hohes Risiko für diverse Erkrankungen wie Diabetes mellitus, Herz-Kreislaufprobleme und Gelenkerkrankungen. Zudem kann es die Bildung von Tumoren begünstigen und das Immunsystem schwächen.[10]

Da nach verschiedenen aktuellen Schätzungen bis zu 65 Prozent der Hunde in Deutschland übergewichtig sind und Übergewicht beziehungsweise Adipositas aus einem energetischen Ungleichgewicht resultiert, stellt dieses Thema ein ernstzunehmendes Problem dar.[70] Auch wenn eine genetische Veranlagung, ein hormonelles Ungleichgewicht oder eine gestörte Darmflora zu Übergewicht führen können, liegen die Gründe doch meist in einer zu hohen Energieaufnahme und einem zu geringen Energieverbrauch.[10]

Aus diesem Grund ist es notwendig, die Energiezufuhr zu reduzieren, ohne dass dadurch Defizite in der Versorgung mit Nährstoffen entstehen. Eine vegane Ernährung übergewichtiger beziehungsweise adipöser Hunde kann in diesem Fall sehr vorteilhaft sein, weil pflanzliche Lebensmittel in der Regel eine geringere Energiedichte haben als tierische Produkte und zusätzlich einen hohen Anteil an pflanzlichen Fasern aufweisen. Sie eignen sich sehr gut, um die Gewichtsreduktion zu unterstützen. Die Faserstoffe führen nicht nur zu einem länger anhaltenden Sättigungsgefühl, sondern wirken sich auch positiv auf die Verdauung aus.

Es ist jedoch wichtig, dass der individuelle Nährstoffbedarf des Hundes trotz reduzierter Energieaufnahme gedeckt wird, sodass eine individuelle Ermittlung des Nährstoffbedarfs sinnvoll ist.

# Allergien und Unverträglichkeiten

Allergien und Unverträglichkeiten sind Reaktionen des Körpers auf bestimmte Nahrungsmittel oder Umweltstoffe, dennoch unterscheiden sie sich grundlegend in ihren Ursachen:

## Allergien

Allergien sind Reaktionen des Körpers auf bestimmte Substanzen. Das Immunsystem reagiert übermäßig auf eine Substanz (Allergen), die es fälschlicherweise als schädlich identifiziert und somit den gesamten Körper in Alarmbereitschaft versetzt. Dabei können schon sehr kleine Mengen des Allergens Reaktionen hervorrufen. Damit sich eine Allergie ausbildet, bedarf es jedoch in der Regel mehrfachen oder ständigen Kontakt des Hundes mit den Allergenen, sodass Allergien meistens erst ab dem zweiten oder dritten Lebensjahr des Hundes auftreten. Allergien im Allgemeinen sind bei Hunden immer häufiger zu beobachten, allerdings gestaltet sich hier eine Diagnose eher schwierig, sodass keine klaren Zahlen vorliegen. Bei etwa vier Prozent der Hunde soll eine allergische Reaktion als Ursache für die Symptome vorliegen, wobei viele Hunde nicht nur gegen eine, sondern gegen mehrere Futterkomponenten allergisch sind.[10] Andere Schätzungen gehen davon aus, dass Futtermittelallergien für ein Prozent aller Hauterkrankungen verantwortlich sind sowie für zehn Prozent aller allergischen Hautreaktionen.[72]

Ein typisches Symptom von Allergien ist ein ständiger Juckreiz, der zu wunden, entzündeten Hautpartien führen kann. Auch können sich chronische Ohrenentzündungen, Magen-Darm-Probleme wie Durchfall und Erbrechen sowie viele weitere Symptome zeigen.

Eine Studie aus dem Jahr 2016 konnte zeigen, dass die Lebensmittel, die am häufigsten zu allergischen Reaktionen bei Hunden beitragen, Rind, Milchprodukte, Huhn, Lamm und Weizen sind, wie die folgende Tabelle zeigt:

| | |
|---|---|
| Rind | 34% |
| Milchprodukte | 17% |
| Huhn | 15% |
| Lamm | 14,5% |
| Weizen | 13% |
| Soja | 6% |
| Eier | 4% |
| Mais | 4% |
| Fisch | 2% |
| Schwein | 2% |
| Reis | 2% |

Häufigkeit von Futtermittelallergien Quelle: [73]

Eine andere Studie aus dem Jahr 2006 kam zu einem ähnlichen Ergebnis bei der Häufigkeitsverteilung der Futtermittelallergien und ermittelte ebenfalls Rindfleisch mit 36 Prozent als das Hauptallergen, gefolgt von Milchprodukten mit 28 Prozent und Weizen mit 15 Prozent. Die Häufigkeit von allergischen Reaktionen bei der Fütterung von Huhn und Eiern stuften die Autoren dieser Studie mit ungefähr zehn Prozent ein, wohingegen sie bei Soja mit sechs Prozent die gleiche Häufigkeit feststellen, wie die Autoren der zuvor genannten Studie.[72]

Somit zeichnet sich ab, dass Lebensmittel tierischer Herkunft weit häufiger allergische Reaktionen bei Hunden auslösen können als pflanzliche, was darauf zurückzuführen ist, dass diese sehr häufig gefüttert werden. Da Weizenprodukte aufgrund ihres hohen Gluten-Gehalts kein geeignetes Lebensmittel für Hunde darstellen, sollten diese ohnehin nicht gefüttert werden. Die Verträglichkeit von Sojaprodukten sollte hingegen individuell betrachtet werden. Soja birgt ein geringeres Allergiepotenzial, weshalb nicht pauschal davon ausgegangen werden darf, dass Sojaprodukte Allergien bei allen Hunden auslösen.

## Unverträglichkeiten

Futtermittelunverträglichkeiten sind normalerweise Reaktionen, die durch Stoffwechselprozesse hervorgerufen werden. Sie treten auf, wenn der Körper Schwierigkeiten hat, bestimmte Substanzen zu verdauen. Bei Unverträglichkeiten ist das Immunsystem nicht beteiligt und Reaktionen treten in der Regel nur auf, wenn eine größere Menge des problematischen Lebensmittels gefüttert wurde oder ein schneller Futterwechsel erfolgte. Zudem können sie direkt beim ersten Kontakt mit dem Futtermittel Unverträglichkeitsreaktionen hervorrufen.

Meist zeigen sich Unverträglichkeiten durch Magen-Darm-Probleme wie Erbrechen, Durchfall oder Blähungen, aber auch Juckreiz kann ein Anzeichen sein. Es gestaltet sich schwierig, anhand der Symptome festzustellen, ob es sich um eine Allergie oder um eine Unverträglichkeit handelt, da sie sich sehr ähneln. Zudem können diese Symptome auch eine andere Krankheit als Ursache haben oder durch Parasiten sowie Pilzsporen hervorgerufen werden.

Unverträglichkeiten können analog zu Allergien durch verschiedene Lebensmittel ausgelöst werden. Möglicherweise zeigt der betroffene Hund aber auch Reaktionen auf Konservierungs-, Farb- oder Aromastoffe, die im Fertigfutter enthalten sind. Auch enthaltene Geschmacksverstärker sind ein häufiger Grund für entsprechende Symptome.

Um herauszufinden, worauf der Hund mit Allergien oder Unverträglichkeiten reagiert, ist eine Ausschlussdiät aktuell die zuverlässigste Methode, um die problematische Futterkomponente zu identifizieren. Diverse Bluttests, die auf Futtermittelallergien testen, liefern aktuell keine zuverlässigen Ergebnisse und dienen nur als möglicher Anhaltspunkt. Bei Ausschlussdiäten wird auf eine gänzlich unbekannte Proteinquelle gesetzt, weshalb sich pflanzliche Proteinquellen wie Linsen oder Bohnen sehr gut eignen. Die meisten Hunde werden sie noch nie gefressen haben. Zudem sind sie deutlich einfacher zu beschaffen als beispielsweise Fleisch von sogenannten Exoten wie Känguru. Darüber hinaus sind pflanzliche Proteinquellen vergleichsweise günstig.

# Störungen in der Darmflora

Heutzutage ist aus der Humanmedizin bekannt, dass ein intakter Darm essenziell wichtig für die menschliche Gesundheit ist und viele gesundheitliche Probleme mit einer gestörten Darmgesundheit in Zusammenhang gebracht werden können. Da die Darmflora von Menschen und Hunden große Parallelen aufweist, ist davon auszugehen, dass die Erkenntnisse der Humanmedizin auch auf Hunde übertragbar sind. Von einer gestörten Darmflora wird dann gesprochen, wenn sich das optimale Verhältnis der Mikroorganismen im Darm verschiebt, sodass hierdurch das Risiko für verschiedene Gesundheitsprobleme erhöht wird. Darüber hinaus befinden sich im Darm schätzungsweise bis zu 80 Prozent des Immunsystems, was die Wichtigkeit eines gesunden Darms zusätzlich verdeutlicht.

Es gibt es eine Vielzahl von Symptomen oder Erkrankungen, die oft chronisch auftreten und auf eine gestörte Darmflora von Hunden hinweisen können:

- Verdauungsprobleme wie beispielsweise Durchfall, Verstopfungen oder Blähungen
- Hautprobleme wie ständiger Juckreiz
- Entzündungen wie Ohren-, Augen- oder Analdrüsenentzündungen
- Unverträglichkeiten
- Allergien
- Maulgeruch
- Zahnprobleme
- Gewichtsprobleme, sei es Unter- oder Übergewicht
- Verhaltensauffälligkeiten
- Autoimmunerkrankungen wie Arthritis oder Diabetes mellitus Typ 1. Aus der Humanmedizin weiß man schon lange, dass eine abwechslungsreiche und vollwertige Ernährungsweise die Grundlage für einen gesunden Darm darstellt. Darüber hinaus haben sich Darmkuren als ein weiteres sehr nützliches Hilfsmittel erwiesen, um die Darmgesundheit wiederherzustellen und im besten Fall die Symptome zu reduzieren oder sogar zu beseitigen.

Es können einige Anzeichen jedoch auch auf andere Krankheiten hindeuten und müssen nicht immer mit einer gestörten Darmflora im Zusammenhang stehen. Deshalb sollte im Zweifelsfall immer tierärztlicher Rat eingeholt werden. Der Darm ist immer zu einem gewissen Grad durchlässig, da aus ihm heraus die verdauten Nährstoffe ins Blut gelangen und weitertransportiert werden. Sogenannte Kittleisten verbinden die Darmschleimhautzellen und können sich dynamisch öffnen und wieder schließen, um nur ganz gezielt die richtigen Substanzen in die Blutbahn weiterzuleiten. Ein Protein namens Zonulin, das von den Darmbakterien selbst gebildet wird, reguliert dieses dynamische Öffnen und Schließen der Kittleisten. Ein Mangel an bestimmten Darmbakterien kann somit zu einer Schwächung des Darmschleims und letztlich zum Leaky Gut Syndrom führen. So können unverdaute Futtermittel, Toxine und andere Substanzen ins Blut gelangen. Prinzipiell sind diese Substanzen nicht schädlich, aber da sie dort nicht hingehören, versucht der Körper diese Fremdstoffe zu bekämpfen und kann unter anderem mit Futtermittelunverträglichkeiten, Entzündungsreaktionen und Allergien reagieren.

Neben vielen Substanzen, die die Darmflora schädigen können, spielen auch Futter und Lebensweise eine nicht unerhebliche Rolle. Folgende Punkte können die Darmflora schädigen:

- Antibiotika und weitere Medikamente
- Wurmkuren
- Zeckenpräventionen
- Umwelttoxine und Schadstoffe in Lebensmitteln
- Unausgewogene Fütterung
- Stress

Eine vegane Ernährung ist hier von Vorteil, weil sie frei von Antibiotikarückständen und meist schadstoffärmer ist – vor allem wenn auf Bioqualität gesetzt wird. Wichtig ist in diesem Zusammenhang jedoch auch eine abwechslungsreiche Ernährung des Hundes, da im Darm eine große Vielzahl nützlicher Bakterien lebt, die unterschiedlich ernährt werden müssen. Je abwechslungsreicher daher die Nahrung ist, desto besser wird diese Vielfalt gefördert und aufrechterhalten.

Wenn eine gestörte Darmgesundheit vermutet wird und weitere Krankheiten tierärztlich ausgeschlossen werden können, ist es ratsam, eine professionelle Ernährungsberatung in Betracht zu ziehen und diese mit einer individuell abgestimmten Darmsanierung zu ergänzen.

Zusammenfassend lässt sich festhalten, dass keine pauschale Beurteilung möglich ist, bei welchen Erkrankungen Hunde vegan ernährt werden sollten beziehungsweise in welchen Fällen diese Ernährungsform in keinem Fall zu empfehlen ist, da es immer auf die zugrundeliegende Krankheit und den individuellen Hunde ankommt. Während eine vegane Ernährung beispielsweise bei Hunden, die an IBD leiden, tendenziell eher kritischer zu sehen ist, kann sie sich bei Futtermittelunverträglichkeiten oder einer gestörten Darmflora durchaus als vorteilhaft erweisen. In jedem Fall sollte die Ernährung eines Hundes mit gesundheitlichen Beeinträchtigungen tierärztlich abgeklärt sowie professionell gestaltet und begleitet werden – und das unabhängig davon, ob der Hund vegan oder fleischlastig ernährt wird.

# Vegane Ernährung in verschiedenen Lebensphasen

Während die vegane Ernährung von ausgewachsenen, gesunden Hunden in der Regel gut möglich ist, sofern die Abdeckung aller Nährstoffe gewährleistet werden kann, gibt es durchaus weitere Phasen im Leben eines Hundes, in denen eine vegane Ernährung kritisch betrachtet werden sollte:

## Welpen und Junghunde

Welpen haben andere Ansprüche an die Nährstoffzusammensetzung ihrer Nahrung als ausgewachsene Hunde und auch als Junghunde. Sie verändern sich im Laufe ihrer Entwicklung erheblich. Wie lange Hunde wachsen, ist von verschiedenen Faktoren abhängig, die anhand von äußeren Faktoren wie Genetik und Geschlecht sowie inneren Faktoren wie Ernährung oder Krankheiten festgelegt sind. Die äußeren Faktoren spielen in dieser sensiblen Phase eine wichtige Rolle, da durch ungünstige Bedingungen entweder das genetisch vorgegebene Wachstumspotenzial nicht voll entfaltet oder aber das Wachstum unnatürlich stark beschleunigt werden kann, sodass die Hunde schneller ihr genetisch vorgegebenes Endgewicht erreichen. Beide Varianten können zu gesundheitlichen Schädigungen führen, die irreversibel sind. Aus diesen Gründen ist es wichtig, dem Welpen beziehungsweise Junghund eine Nahrung zu bieten, die eine für ihn optimale Energie- und Nährstoffzusammensetzung aufweist, um Entwicklungsstörungen oder Erkrankungen des Bewegungsapparates vorzubeugen.

In der Regel haben 80 bis 100 Prozent der Hunde nach zwölf Monaten ihr Endgewicht erreicht, wobei kleinere Rassen deutlich früher ausgewachsen sind als größere. Die Hauptwachstumsphase der Junghunde umfasst die ersten sechs bis acht Lebensmonate, danach verringert sich ihre Wachstumsgeschwindigkeit.

Junge Hunde haben einen deutlich erhöhten Energiebedarf, der sich im Laufe der Wachstumsphase verringert, sowie einen höheren Bedarf an Proteinen, die alle essenziellen Aminosäuren im richtigen Maß enthalten müssen. Auch der Vitamin- und Mineralstoffbedarf von wachsenden Hunden muss berücksichtigt werden und in der zusammengestellten Ration zwingend Beachtung finden.[10]

Unter diesen Aspekten ist eine vegane Ernährung von Welpen und Junghunden deutlich komplizierter als die von ausgewachsenen Hunden, wobei es prinzipiell nicht unmöglich ist. Wenn gewährleistet werden kann, dass der wachsende Hund in jeder Phase seiner Entwicklung bedarfsdeckend mit allen Nährstoffen versorgt wird, ist auch eine vegane Ernährungsform denkbar. Das bedingt jedoch die Notwendigkeit, den Hund in regelmäßigen Abständen zu wiegen, in der Regel spätestens alle vier Wochen, und auf Grundlage seines Gewichts und Lebensmonats einen professionellen Rationsplan erstellen zu lassen, der mit den notwendigen Ergänzungsmitteln vervollständigt wird.

Es bleibt jedoch zu betonen, dass die vegane Fütterung von Hunden noch nicht ausreichend erforscht ist und aus wissenschaftlicher Perspektive eine solche Ernährungsform in dieser sensiblen Lebensphase daher nicht zu empfehlen ist. Wenn der Wunsch nach einer veganen Fütterung von Welpen oder Junghunden dennoch besteht, sollte neben einer begleitenden Überwachung durch den Tierarzt eine professionelle Ernährungsberatung aufgesucht werden, die sich auf diese Fütterungsform spezialisiert hat und die Wachstumsphase kontinuierlich anpasst.

## Trächtigkeit und Laktationsdauer

Die Ernährung von trächtigen und laktierenden Hündinnen weist aufgrund ihrer körperlich herausfordernden Lebensphase große Unterschiede hinsichtlich des Nährstoffbedarfs zu Hündinnen auf, die sich im Erhaltungsstoffwechsel befinden.

Aufgrund der sehr sensiblen Phase bis zur vollendeten vierten Graviditätswoche können Fütterungsfehler zum Absterben oder Missbildungen der Embryonen führen, da diese sehr empfindlich auf einen Mangel an Energie, Vitaminen und Mineralstoffen reagieren. Auch eine Überfütterung kann das Überleben und das Wachstum der Embryonen beeinträchtigen.

Ein Energiemangel der trächtigen Hündin kann zudem zu untergewichtigen Welpen führen, die eine verminderte Vitalität zeigen. Ab der fünften Graviditätswoche nimmt das Wachstum der Föten rasch zu, sodass ab diesem Zeitpunkt bei der trächtigen Hündin der Energiebedarf steigt. Da Föten im Mutterleib ihre Energie ausschließlich aus Glukose gewinnen, sollte die Ration der trächtigen Hündin mindestens zu 20 Prozent aus Kohlenhydratquellen bestehen. Aber auch der Protein-, Vitamin- und Mineralstoffbedarf ist während der Trächtigkeit erhöht und kann bei einer unzureichenden Versorgung zu Entwicklungsbeeinträchtigungen der Welpen führen. Trächtige Hündinnen neigen zum Ende ihrer Gravidität dazu, weniger Futter zu sich zu nehmen, weshalb auf eine ausreichende Schmackhaftigkeit zu achten ist. Allerdings muss eine Überfütterung vermeiden werden: Eine zu starke Verfettung führt zu Problemen bei Geburt und Laktation.

Laktierende Hündinnen haben einen stark erhöhten Energie-, Protein-, Vitamin- und Mineralstoffbedarf, der sich im Laufe der Zeit steigert und sich an der Wurfgröße orientiert. Die Nahrung sollte daher schmackhaft und fettreich sein, damit die Hündin ihren hohen Energiebedarf deckt und es nicht zu Erschöpfung und nachlassender Milchproduktion kommt. Da für die Milchzuckersynthese große Mengen an Glukose nötig sind, sollte auch während der Laktation die Ration zu mindestens zehn bis 20 Prozent aus Kohlenhydratquellen bestehen.[10] Trächtigkeit und Laktation sind äußerst sensible Phasen im Leben einer Hündin, während derer aus wissenschaftlicher Sicht von einer veganen Ernährung dringend abgeraten wird. Sollte dennoch der Wunsch nach einer veganen Fütterung einer trächtigen oder laktierenden Hündin bestehen, muss unbedingt tierärztlicher Rat eingeholt werden.

## Ältere Hunde

Ältere Hunde zeichnen sich nicht nur durch ein höheres Alter, sondern damit zusammenhängend auch durch eine erhöhte Krankheitsanfälligkeit aus. Es gibt keine klare Definition, ab wann ein Hund als alt gilt, wobei im Allgemeinen kleinere Rassen aufgrund einer höheren Lebenserwartung später als Senioren klassifiziert werden als größere. Während kleine Hunde ab ungefähr zehn Jahren als alt gelten, trifft es bei großen Rassen bereits ab sieben Jahren zu. Allerdings spielt auch die Rasse eine große Rolle, bestimmte Erkrankungen im Alter zu begünstigen.

Ältere Hunde haben meist einen verminderten Energiebedarf von bis zu 30 Prozent und weisen oftmals ein vermindertes Geschmacksempfinden auf, weshalb auf schmackhaftes Futter geachtet werden muss, das den Energie- und Nährstoffbedarf abdeckt. Eine Tendenz zu einer verlangsamten Beweglichkeit des Magen-Darm-Trakts und Veränderungen in der Darmflora können bei älteren Hunden zu Verdauungsbeschwerden führen. Während der Proteinbedarf im Vergleich zu jüngeren Hunden in der Regel unverändert bleibt, ist bei Vitaminen und Mineralstoffen auf entsprechende Anpassungen zu achten. Empfehlenswert ist eine ausreichende Zufuhr mit Antioxidantien, um Senioren vor oxidativem Stress zu schützen.[10]

Prinzipiell ist es möglich, ältere Hunde vegan zu ernähren, wenn der individuelle Gesundheitszustand dies zulässt und der Hund vegane Nahrung mag und gut verträgt. Es sollte jedoch dringend darauf geachtet werden, dass trotz eines möglicherweise verminderten Energiebedarfs der Nährstoffbedarf in dieser Lebensphase abgedeckt und der Verdauungstrakt des Hundes dadurch nicht zu stark belastet wird. Da vor allem vegane Lebensmittel nicht nur viele wertvolle Nährstoffe enthalten, sondern auch reich an sekundären Pflanzenstoffen und Antioxidantien sind, können sie zur Stärkung der Gesundheit im Alter beitragen. Dennoch ist es angeraten, einen individuellen Rationsplan für den Hund erstellen zu lassen, um sicherzugehen, dass die Ernährungsform in dieser Lebensphase für den Hund geeignet ist und ihn mit allen Nährstoffen optimal versorgt. Sollte der Hund darüber hinaus an Krankheiten leiden, ist die Einholung einer tierärztlichen Empfehlung angeraten.

### Vegan vs. BARF bei bestimmten Erkrankungen

| Vegan | BARF |
|---|---|
| **Lebererkrankungen** | |
| • Tofu ist eine leichtverdauliche Proteinquelle.<br>• Vegane Rationen sind methioninarm, was bei Lebererkrankungen positiv ist.<br>• Vegane Rationen bieten ein gutes Omega-3 zu Omega-6 Verhältnis.<br>• Der hohe Ballaststoffanteil kann nachteilig sein, da er die Gesamtverdaulichkeit verringert. | • Tierische Produkte sind leicht verdauliche Proteinquellen.<br>• BARF ist methioninreich, was sich nachteilig bei Lebererkrankungen auswirkt.<br>• Durch tierische Produkte nimmt der Hund sehr viele Omega-6-Fettsäuren auf, was nachteilig ist. |
| **Nierenerkrankungen** | |
| • Tofu ist eine leichtverdauliche Proteinquelle.<br>• Eine Protein- und Phosphorreduktion ist gut darstellbar.<br>• Vegane Rationen bieten ein gutes Omega-3 zu Omega-6 Verhältnis.<br>• Der hohe Ballaststoffanteil kann nachteilig sein, da er die Gesamtverdaulichkeit verringert. | • Tierische Produkte sind leicht verdauliche Proteinquellen.<br>• Tierische Produkte sind protein und phosphorreich, was sich nachteilig auswirken kann.<br>• Durch tierische Produkte nimmt der Hund sehr viele Omega-6-Fettsäuren auf, was nachteilig ist. |
| **Bauspeicheldrüsenerkrankungen** | |
| • Tofu ist eine leichtverdauliche Proteinquelle.<br>• Mit veganen Lebensmitteln ist eine kohlenhydratreiche, aber fettarme Ernährung sehr gut darstellbar.<br>• Der hohe Ballaststoffanteil kann nachteilig sein, da er die Gesamtverdaulichkeit verringert. | • Tierische Produkte sind leicht verdauliche Proteinquellen.<br>• Es sollte ein gewisser Kohlenhydratanteil enthalten sein und auf fettarme tierische Produkte geachtet werden. |

<table>
<tr><th colspan="2">Herzerkrankungen</th></tr>
<tr><td>• Tofu ist eine leichtverdauliche Proteinquelle.<br>• Vegane Lebensmittel sind natriumarm, was sich positiv auswirkt.<br>• Vegane Rationen bieten ein gutes Omega-3 zu Omega-6 Verhältnis.<br>• Der hohe Ballaststoffanteil kann nachteilig sein, da er die Gesamtverdaulichkeit verringert.</td><td>• Tierische Produkte sind leicht verdauliche Proteinquellen.<br>• Tierische Produkte sind natriumreich, was sich negativ auswirkt.<br>• Durch tierische Produkte nimmt der Hund sehr viele Omega-6-Fettsäuren auf, was nachteilig ist.</td></tr>
<tr><th colspan="2">Inflammatorische Darmerkrankungen (IBD)</th></tr>
<tr><td>• Eine hochverdauliche und fettreduzierte Schonkost ist mit Tofu und einer Kohlenhydratquelle gut darstellbar.<br>• Andere vegetarische Proteinquellen sind bei IBD als kritisch zu betrachten, da bei dieser Erkrankung besonders auf eine hohe Verdaulichkeit geachtet werden sollte.<br>• Sollte der Hund Tofu nicht vertragen, kann als Alternative auf eine vegetarische Fütterung oder auf Insekten zurückgegriffen werden, die ebenfalls hochverdaulich sind.</td><td>• Eine hochverdauliche Schonkost ist mit einem fettarmen tierischen Produkt und einer Kohlenhydratquelle gut darstellbar.</td></tr>
<tr><th colspan="2">Harnsteine</th></tr>
<tr><td>Struvitsteine<br>• Die empfohlene Reduktion des Phosphor-, Magnesium- und Proteingehalts ist mit einer veganen Ration gut möglich.<br>• Der pH-Wert sollte im sauren Milieu gehalten werden, was durch die Gabe von Methionin erfolgen kann.</td><td>• Tierische Produkte enthalten im Allgemeinen viel Phosphor und Proteine, sodass auf eine Reduktion sinnvoll gestaltet werden sollte.<br>• Tierische Produkte führen zu einem eher sauren pH-Wert, was bei dieser Art von Harnsteinen von Vorteil ist.</td></tr>
<tr><td>Calciumoxalatseine<br>• Der pH-Wert sollte im neutralen bis leicht alkalischen Bereich liegen, was mit einer veganen Ration gut darstellbar ist.<br>• Es sollte auf bestimmte Lebensmittel verzichtet werden, wie beispielsweise Rote Bete oder Spinat.</td><td>• Tierische Produkte führen zu einem eher sauren pH-Wert, was bei dieser Art von Harnsteinen eher nachteilig ist.</td></tr>
</table>

<table>
<tr><th colspan="2">Diabetes mellitus</th></tr>
<tr><td>• Es sollte auf eine konstante Rationszusammensetzung geachtet werden, um den Insulinbedarf nicht unnötig zu variieren.<br>• Komplexe Kohlenhydratquellen sind gut geeignet.<br>• Der hohe Ballaststoffanteil in veganen Rationen ist von Vorteil.</td><td>• Es sollte auf eine konstante Rationszusammensetzung geachtet werden, um den Insulinbedarf nicht unnötig zu variieren.</td></tr>
<tr><th colspan="2">Übergewicht und Adipositas</th></tr>
<tr><td>• Die Energiezufuhr ist zu reduzieren, ohne dass dadurch Defizite in der Versorgung mit Nährstoffen entstehen.<br>• Vegane Lebensmittel sind in der Regel fettarm, wenn sie nicht durch beispielsweise Öle ergänzt werden, sodass sie sehr gut geeignet sind.<br>• Der hohe Ballaststoffanteil führt zu einer langanhaltenden Sättigung und ist auch als sehr positiv zu werten.</td><td>• Die Energiezufuhr ist zu reduzieren, ohne dass dadurch Defizite in der Versorgung mit Nährstoffen entstehen.<br>• Es sollte auf fettarme Fleischsorten und Milchprodukte sowie auf einen ausreichenden Ballaststoffanteil geachtet werden.</td></tr>
<tr><th colspan="2">Allergien und Unverträglichkeiten</th></tr>
<tr><td>• Um Klarheit über mögliche Allergien oder Unverträglichkeiten zu erhalten, eignen sich vegane Proteine sehr gut, wenn der Hund bisher damit nicht in Berührung gekommen ist.<br>• Soja birgt laut Studienergebnissen ein (geringes) Allergiepotenzial, sodass auf Sojaprodukte sicherheitshalber verzichtet werden könnte.<br>• Vegane Proteinquellen sind deutlich einfacher zu beschaffen und günstiger als „exotisches" Fleisch, das oft für eine Ausschlussdiät gewählt wird.</td><td>• Rindfleisch, Milchprodukte und Hühnerfleisch sind laut Studienergebnissen die Lebensmittel mit dem höchsten Allergiepotenzial.<br>• Oft bleibt nur „exotisches" Fleisch für eine Ausschlussdiät übrig, wenn der Hund bereits mit den gängigen Fleischsorten in Berührung gekommen ist.<br>• Eine Alternative könnten aber auch Insekten als neuartige Proteinquelle darstellen.</td></tr>
</table>

| Störungen der Darmflora | |
|---|---|
| • Um den Darm zu entlasten, sollte auf möglichst schadstofffreie Lebensmittel gesetzt werden. Vegane Rationen sind beispielsweise arm an Dioxinen und enthalten darüber hinaus keine Antibiotikarückstände und Hormone, sodass sie eine gute Alternative darstellen. | • Tierische Produkte enthalten ein hohes Maß an Dioxinen sowie anderen Schadstoffen, sodass sie nicht ideal sind, um den Darm zu entlasten und die Darmflora gezielt zu stärken. |

# 8.

# Der vegane Rationsplan

Eine vollwertige vegane Hundeernährung basiert auf dem Konzept, natürliche und unverarbeitete Lebensmittel zu verwenden, mit dem Ziel, die Gesundheit des Hundes bestmöglich zu fördern und ihm eine schmackhafte Ration zu bieten. Sie legt den Schwerpunkt auf Lebensmittel, die in ihrer natürlichsten Form verzehrt werden, reich an Nährstoffen sind und gleichzeitig möglichst nur minimale Mengen an schädlichen Substanzen enthalten.

### Abwechslungsreiche Rationen

Genauso wie sich eine abwechslungsreiche Ernährung in der menschlichen Ernährung als vorteilhaft erwiesen hat, wird sie auch in Bezug auf die Ernährung des Hundes empfohlen. Aus diesem Grund sollte davon abgesehen werden, wie es bei Fertigfutter üblich ist, immer auf die gleiche Zusammensetzung der Lebensmittel zu setzen. Variierende Rationen versorgen den Körper des Hundes mit unterschiedlichen wertvollen Nährstoffen und fördern damit eine gesunde Darmflora. Da sich bis zu 80 Prozent des Immunsystems im Darm befinden, ist es essenziell wichtig, die Darmgesundheit und die damit zusammenhängende Darmflora zu stärken.

### Tipp

Es empfiehlt sich, dem Hund eine Kohlenhydratquelle, eine Proteinquelle sowie eine Gemüse- und Ölsorte dauerhaft vorzuenthalten, um im Fall einer eventuellen Ausbildung einer Futtermittelallergie damit eine Ausschlussdiät durchführen zu können

### Bioqualität

Um den Körper des Hundes mit möglichst wenig Schadstoffen zu belasten und ihn lange gesund zu halten, sollte nach Möglichkeit weitgehend auf Bioqualität gesetzt werden. Auch wenn „Bio" nicht immer ein Garant für Schadstofffreiheit ist, konnte in vielen Untersuchungen belegt werden, dass Lebensmittel in Bioqualität mehr Nährstoffe enthalten und somit wertvoller für die Gesundheit sind als konventionelle Lebensmittel. Vorsicht ist jedoch bei Gemüse und Obst geboten, das einen weiten Transportweg hinter sich hat. Aufgrund der langen Lieferzeit und dem künstlichen Anbau in Gewächshäusern büßen in diesen Fällen auch Biolebensmittel an Nährstoffen ein.

### Regionale und saisonale Lebensmittel

Regionale und saisonale Lebensmittel haben in der Regel keine langen Transportwege und enthalten tendenziell mehr Nährstoffe, da einige Vitamine und Antioxidantien sehr empfindlich sind und nach der Ernte im Laufe der Zeit verloren gehen. Beim Kauf sollte nach persönlichen Vorlieben abgewogen werden, ob Regionalität und Saisonalität oder Bioqualität bevorzugt wird, denn selten erfüllen Lebensmittel alle drei Kriterien.

# Die fünf Komponenten des Rationsplans

Die veganen Futtermittel teilen sich in fünf Komponenten auf, deren prozentuale Gewichtung nach den individuellen Bedürfnissen des Hundes im Futterplan berücksichtigt werden sollte.

> **Die fünf Komponenten eines veganen Rationsplans sind:**
>
> - Kohlenhydratquellen
> - Pflanzliche Proteinquellen
> - Öle
> - Gemüse und Obst
> - Ergänzungen und Toppings
>
> Vegane Tagesrationen sollten nach Möglichkeit alle fünf Komponenten beinhalten, wenn auch nicht alle in einer einzelnen Ration vorkommen müssen.

- **Kohlenhydratquellen** wie Hirse oder Quinoa liefern nicht nur Energie, sondern auch wichtige Vitamine, Mineralstoffe und Ballaststoffe. Sie tragen dazu bei, durch wertvolle essenzielle Aminosäuren das Aminosäurenprofil zu vervollständigen.
- **Pflanzliche Proteinquellen** wie Linsen oder Tofu tragen hingegen nicht nur sehr gut zur Deckung des Proteinbedarfs bei, sondern weisen ebenfalls verschiedene Vitamine, Mineralstoffe sowie sekundäre Pflanzenstoffe auf.
- **Gemüse und Obst** punktet oft mit einem hohen Ballaststoffanteil, der sich positiv auf die Verdauung auswirkt und zur Sättigung beiträgt. Außerdem enthält es unterschiedliche Vitamine, Mineralstoffe, sekundäre Pflanzenstoffe und Antioxidantien.
- Zu den Fettquellen gehören hochwertige pflanzliche **Öle**, die den Körper des Hundes in komprimierter Form mit Energie versorgen und darüber hinaus auch noch diverse wichtige Vitamine und essenzielle Fettsäuren liefern.
- Optimiert wird der Rationsplan mit einer individuellen Zusammenstellung von **Ergänzungsmitteln und Toppings**, um sicherzustellen, dass der Hund mit allen wichtigen Nährstoffen bestens versorgt wird oder um ihn gezielt mit bestimmten pflanzlichen Mitteln besonders zu stärken.

Zu beachten ist jedoch, dass in der Regel eine strikte Trennung der einzelnen Komponenten in reine Kohlenhydrat-, Protein- und Fettquellen nicht möglich ist, weil jedes Lebensmittel einen gewissen Anteil von allen Nährstoffen aufweist.

- So haben Hülsenfrüchte wie Linsen neben einem hohen Proteingehalt auch einen hohen Kohlenhydratanteil, zählen aber zu den Proteinquellen.
- Kohlenhydratquellen wie Quinoa bestehen hingegen nicht nur aus Kohlenhydraten, sondern weisen ebenfalls einen kleinen Proteingehalt auf.
- Nüsse, Kerne und Samen werden zu den Toppings gezählt, beinhalten aber sowohl einen hohen Fettanteil als auch einen teilweise sehr hohen Proteingehalt. Aufgrund des hohen Fettgehaltes dienen sie primär nicht zur Deckung des Proteinbedarfs, sondern sind als Topping besser geeignet.

Gemüse und Obst zeichnen sich durch einen teilweise recht hohen Ballaststoffgehalt aus, jedoch enthalten auch Hülsenfrüchte sowie die meisten Kohlenhydratquellen viele Ballaststoffe, sodass Gemüse und Obst nicht die einzige Ballaststoffquelle darstellen.

Die Tatsache, dass kein Lebensmittel ausschließlich nur einer Komponente zugeordnet werden kann und in der Regel mehrere Komponenten beinhaltet, ist unvermeidbar und sollte in der Gestaltung des Rationsplans berücksichtigt werden. Aus diesem Grund sollte bei der Zusammenstellung des Rationsplans nicht nur eine Betrachtung aller fünf Komponenten erfolgen, sondern auch darauf geachtet werden, dass alle notwendigen Makro- und Mikronährstoffen optimal abgedeckt werden, um den Hund bedarfsdeckend mit allen Nährstoffen zu versorgen, die er braucht.

## Makronährstoffe und Mikronährstoffe

Ebenso wie Menschen benötigen Hunde zahlreiche Nährstoffe, um den Körper gesund und leistungsfähig zu halten. Diese lassen sich in Makro- und Mikronährstoffe einteilen.

Zu den Makronährstoffen zählen:

- Kohlenhydrate
- Proteine
- Fett

Makronährstoffe sind die Hauptbestandteile der Hundeernährung und liefern Energie sowie die grundlegenden Bausteine, die der Körper für das Wachstum, den Stoffwechsel und andere lebenswichtige Funktionen benötigt. Eine ausgewogene Ernährung, die alle drei Makronährstoffe im benötigten Verhältnis enthält, ist entscheidend für die Aufrechterhaltung der Gesundheit und des Wohlbefindens des Hundes.

Zu den Mikronährstoffen zählen:

- Vitamine
- Mineralstoffe
- sekundäre Pflanzenstoffe

Sie werden in deutlich geringerer Menge benötigt und liefern keine Energie. Allerdings sind sie an zahlreichen Stoffwechselvorgängen im Körper beteiligt und für den reibungslosen Ablauf unabdingbar. Eine ausreichende Zufuhr von Mikronährstoffen ist entscheidend, da ein Mangel an Vitaminen und Mineralstoffen zu einer Vielzahl von Gesundheitsproblemen führen kann. Der Körper des Hundes kann die meisten Mikronährstoffe nicht selbst herstellen und muss sie über eine vielfältige und ausgewogene Ernährung aufnehmen. Aus diesem Grund ist es unabdingbar, dass Hunde einen abgestimmten und bedarfsdeckenden Rationsplan erhalten, in dem ihr Nährstoffbedarf individuell berücksichtigt wird.

Während es für die meisten Vitamine und Mineralstoffe Fütterungsempfehlungen gibt, verhält sich das bei den sekundären Pflanzenstoffen anders. Dies liegt daran, dass die Forschung in diesem Bereich noch relativ jung ist und es eine große Vielfalt an sekundären Pflanzenstoffen gibt, deren Wirkungen und optimale Aufnahmemengen noch nicht vollständig entschlüsselt sind. Somit zählen sie nicht zu den essenziellen Nährstoffen, die zwingend aufgenommen werden müssen.

## Sekundäre Pflanzenstoffe in der veganen Fütterung

Sekundäre Pflanzenstoffe sind bioaktive Verbindungen, die von Pflanzen gebildet werden und eine Vielzahl von Funktionen in der Pflanzenphysiologie erfüllen, wie beispielsweise den Schutz vor UV-Strahlung, Schädlingen und Krankheitserregern. Sie kommen in Gemüse und Obst sowie Hülsenfrüchten, Pseudogetreide, Getreide und Ölen vor.

Wie viele verschiedene sekundäre Pflanzenstoffe es genau gibt, ist derzeit noch nicht bekannt, jedoch gehen Schätzungen von 60.000 bis 100.000 sekundären Pflanzenstoffen aus, wobei rund 10.000 von ihnen in der Nahrung vorkommen und erst ein kleiner Teil identifiziert werden konnte.[74]

In den vergangenen Jahrzehnten wurde eine Vielzahl von Untersuchungen an Tieren zur Erfassung der potenziellen Wirkungen von sekundären Pflanzenstoffen durchgeführt, die jedoch noch keine direkte Übertragung der Ergebnisse auf den Menschen oder Hunde mit Sicherheit zulassen.[75] Dennoch belegen viele Untersuchungen trotz der komplexen Wirkungsweisen von sekundären Pflanzenstoffen ihre potenziell positiven Eigenschaften, sodass von diversen gesundheitlichen Vorteilen für Menschen, aber auch für Hunde ausgegangen werden kann.

Positive Eigenschaften von sekundären Pflanzenstoffen sind[75]:

- **Antioxidative Wirkung:** Viele sekundäre Pflanzenstoffe wie Flavonoide, Carotinoide und Phenolsäuren haben unter anderem eine starke antioxidative Wirkung und können helfen, Zellen vor Schäden durch freie Radikale zu schützen. Während Flavonoide und Carotinoide Gemüse und Obst ihre leuchtenden Farben geben und in größeren Mengen darin zu finden sind, dienen Phenolsäuren dem Schutz der Pflanze vor Fraßfeinden und kommen unter anderem in Vollkorngetreide und Nüssen vor.
- **Entzündungshemmende Wirkung:** Einige sekundäre Pflanzenstoffe wie beispielsweise Flavonoide, Carotinoide und Polyphenole haben zudem entzündungshemmende Eigenschaften, die zur Prävention und Behandlung von Entzündungen und damit verbundenen Krankheiten wie etwa Arthritis dienen können. Während Flavonoide und Carotinoide vor allem in Gemüse und Obst vorkommen, ist das das Polyphenol Curcumin, das in der Kurkumawurzel vorhanden ist und ihr die leuchtend gelbe Farbe verleiht, für zahlreiche weitere gesundheitliche Vorteile bekannt.

- **Prävention chronischer Krankheiten:** Es gibt Hinweise darauf, dass viele sekundäre Pflanzenstoffe das Risiko für bestimmte chronische Krankheiten wie Herzkrankheiten und bestimmte Krebsarten senken können.

### Stellen Phytoöstrogene in Soja ein Gesundheitsrisiko für Hunde dar?

Lange Zeit wurde vor einem zu hohen Verzehr von Soja und Sojaprodukten wie Tofu gewarnt, da Soja viele Phytoöstrogene enthält. Bei Phytoöstrogenen handelt es sich um pflanzliche Hormone, die dem weiblichen Sexualhormon Östrogen stark ähneln. Zahlreiche aktuelle Studien kommen zu dem Ergebnis, dass der Verzehr von Soja und Sojaprodukten in Maßen beim Menschen kein Gesundheitsrisiko darstellt, ja sogar von möglichen positiven gesundheitlichen Eigenschaften und der Prävention bestimmter Krankheiten ausgegangen werden könnte.[49] So wäre eine präventive Wirkung hinsichtlich bestimmter Krebs- sowie Herz-Kreislauf-Krankheiten möglich.[75] Auch wenn die aktuelle Forschung von vielen positiven Eigenschaften der Phytoöstrogene auf die menschliche Gesundheit ausgeht, sind die Ergebnisse aus der Humanforschung noch nicht mit Sicherheit auf Hunde übertragbar.

## Antinährstoffe in der veganen Fütterung

Antinährstoffe, auch Antinutritiva genannt, zählen ebenfalls zu den sekundären Pflanzenstoffen und sind Substanzen, die in einigen pflanzlichen Lebensmitteln vorkommen und die Aufnahme und maximale Verwertung von Nährstoffen einschränken können. Während Nährstoffe viele positive Eigenschaften aufweisen und für den Körper lebensnotwendig sind, haben Antinährstoffe eine eher schädliche Wirkung: So binden sie bestimmte Nährstoffe an sich, die dem Körper dann nicht mehr vollständig zur Verfügung stehen, Verdauungsbeschwerden verursachen oder die Entstehung von Nierensteinen oder Schilddrüsenproblemen begünstigen können. Antinährstoffe sind für Pflanzen sehr nützlich und haben durchaus ihre Berechtigung, weil sie vor bakteriellen Infektionen und Fraßfeinden schützen. Durch einige Antinährstoffe wird ein bitterer Geschmack verursacht, um die Pflanzen weniger attraktiv für Fraßfeinde zu machen. Sie schützen sie aber auch durch verursachte Verdauungsbeschwerden vor dem Verzehr durch Tiere.

Sind Antinährstoffe auch für Hunde gesundheitsschädlich? Oder gibt es Möglichkeiten, diese aus den Lebensmitteln zu entfernen? Nachfolgend werden einige der Antinährstoffe beschrieben, die in der veganen Hundeernährung relevant sind:

### Phytinsäure

Phytinsäure ist ein Antinährstoff, der die Aufnahme bestimmter Nährstoffe aus der Nahrung hemmt: Sie verbindet sich mit Mineralstoffen wie Zink, Eisen, Magnesium und Calcium, die in dieser Form nicht mehr im Darm resorbiert werden können. Das führt zu einer Hemmung der Mineralstoffaufnahme, dem Körper stehen weniger Nährstoffe zur Verfügung und es entsteht möglicherweise ein Mangel.

Viel Phytinsäure befindet sich beispielsweise in der äußeren Randschicht von Getreide. Bei Vollkorngetreide wird die äußere Randschicht nicht entfernt, weshalb deutlich mehr Phytinsäure in Vollkornprodukten zu finden ist als in raffinierten Weißmehlvarianten. Da bei allen glutenfreien beziehungsweise glutenarmen Getreidesorten bis auf Reis die Randschicht nicht entfernt wird, weisen diese von Natur aus viel Phytinsäure auf. Phytinsäure befindet sich neben Vollkorngetreide auch in Pseudogetreide, Hülsenfrüchten, Nüssen, Kernen und Samen.

Allerdings enthalten diese Lebensmittel viele Vitamine, Mineralstoffe, Ballaststoffe und andere sekundäre Pflanzenstoffe, die sich ebenfalls meist in der Randschicht befinden. Weißmehlprodukte enthalten zwar weniger Phytinsäure, aber wiederum deutlich weniger Vitamine und Mineralstoff, sodass aus diesem Grund nicht empfohlen wird, sich für weißen Reis zu entscheiden oder Hülsenfrüchte, glutenfreies Getreide oder Nüsse zu meiden. Da diese Lebensmittel von Natur aus reich an Nährstoffen sind, ist es in der Regel unproblematisch, wenn ein Teil von ihnen durch Phytinsäure gebunden wird. Bei Tieren konnte nachgewiesen werden, dass Phytinsäure einen günstigen Einfluss auf die Blutfettwerte und den Blutzuckerspiegel haben kann. Forscher gehen davon aus, dass sie, zumindest bei Menschen, immunregulatorische Effekte im Dickdarm auslöst sowie eine Rolle in der Prävention bestimmter Krebsarten spielt.[76]

Auch wenn bei nährstoffreichen Lebensmitteln keine große Gefahr von Phytinsäure ausgeht, gibt es dennoch Möglichkeiten, um den Phytinsäuregehalt zu reduzieren:

- **Einweichen:** Indem die Lebensmittel über Nacht eingeweicht werden, wird der Gehalt an Phytinsäure reduziert.
- **Kochen:** Auch wenn Phytinsäure recht hitzestabil ist, verringert Hitze ihren Gehalt in Lebensmitteln zumindest etwas. Eine Kombination mit dem vorherigen Einweichen verstärkt den Effekt zusätzlich.
- **Mahlen:** Auch ein Mahlvorgang reduziert den Phytinsäuregehalt. Wenn beispielsweise Pseudogetreide- oder Getreideflocken zu Schrot gemahlen und dann eingeweicht werden, wird der Effekt ebenfalls verstärkt.

Wenn die vegane Ration bedarfsdeckend und ausgewogen gestaltet ist, eine gute Mineralstoffversorgung aufweist und phytinsäurereduzierende Maßnahmen ergriffen werden, kann die Hemmung einer Mineralstoffaufnahme durch Phytinsäure umgangen werden.[49]

## Lektine

Lektine sind komplexe Proteine, die die Fähigkeit besitzen, sich spezifisch an Kohlenhydrate zu binden, um biochemische Reaktionen auszulösen. Es gibt viele unterschiedliche Arten von Lektinen mit unterschiedlichen Wirkungsweisen, durchaus auch schädlichen. So existieren auch giftige Lektine, die die Verdauung negativ beeinflussen oder die Nährstoffaufnahme stören können. Den höchsten Gehalt an Lektinen weisen rohe Hülsenfrüchte auf. Da Lektine in Hülsenfrüchten nicht hitzestabil sind, können sie durch Kochen deaktiviert werden. Wenn die Hülsenfrüchte über Nacht eingeweicht werden, weisen sogar größere Sorten wie Kidneybohnen nach einer Kochzeit von 15 Minuten bereits keine Lektine mehr auf und auch Hülsenfrüchte aus der Dose enthielten Untersuchungen zufolge keine Lektine mehr. Da Hülsenfrüchte für Hunde generell länger gekocht werden sollen, damit die Verdaulichkeit erhöht wird, muss einer gesundheitsschädlichen Wirkung von Lektinen dahingehend keine Bedeutung geschenkt werden. Auch Studien an Tieren zeigten in Bezug auf sachgemäß zubereitete Hülsenfrüchte keine negativen Effekte.[49] In den letzten Jahren wird immer häufiger über eine mögliche gesundheitsfördernde Wirkung von einigen Lektin-Arten diskutiert. So sollen sie bei Menschen möglicherweise eine präventive und therapeutische Wirkung bei einigen Krebserkrankungen haben.

## Oxalsäure

Oxalsäure ist eine organische Verbindung, die in vielen Pflanzen natürlicherweise vorkommt und zu den sogenannten organischen Säuren zählt. Sie ist als Antinährstoff bekannt, da sie sich mit den Mineralstoffen Calcium, Magnesium und Eisen verbinden und unlösliche Komplexe bilden kann. Das kann zum einen deren Absorption im Darm reduzieren und zu Mangelerscheinungen führen, zum anderen kann sie zur Bildung von bestimmten Harnsteinen beitragen: Durch die Verbindung mit Calcium können Calciumoxalatkristalle entstehen.

Oxalsäure findet sich in einer Vielzahl von Lebensmitteln, wobei hohe Konzentrationen vor allem in Rhabarber, Spinat, Mangold, roter Bete und Mandeln vorkommen.

Da Oxalsäure ins Kochwasser übergeht, kann das Kochen den Gehalt an Oxalsäure deutlich reduzieren. Dieses Wasser sollte dann nicht mehr verwendet werden. Der größte Anteil aufgenommener Oxalsäure wird mit dem Kot ausgeschieden oder von Darmbakterien abgebaut, Ein weiterer Einflussfaktor auf die Bioverfügbarkeit von Mineralstoffen ist die Zufuhr von Ballaststoffen, weil diese sowohl Oxalsäure als auch Calciumoxalatkristalle binden können und so die Gefahr, die von Oxalsäure ausgehen kann, minimieren.[77]

Wenn eine bedarfsdeckende Nährstoffversorgung gewährleistet ist, können oxalsäurereiche Lebensmittel problemlos ab und zu in die Ration integriert werden, sofern sie sachgemäß zubereitet werden und der Hund keine Veranlagung zur Entstehung von Calciumoxalatsteinen aufweist.

## Proteaseinhibitoren

Proteaseinhibitoren sind pflanzliche Stoffe, die die Aktivität von Proteasen hemmen. Unter Proteasen sind proteinspaltende Enzyme zu verstehen, die die Verdauung von Proteinen gewährleisten, wie etwa das Verdauungsenzym Trypsin.

Vor allem Hülsenfrüchte enthalten eine hohe Menge an Proteaseinhibitoren, wobei sie unter anderem in geringen Mengen auch in einigen Getreidesorten, Gemüsesorten, Nüssen sowie Kartoffeln vorkommen.

Studien konnten zeigen, dass das vorherige Einweichen und anschließende Kochen die Proteaseinhibitoren in Hülsenfrüchten stark reduziert und auch Hülsenfrüchte aus der Dose keine mehr aufwiesen.[49]

Bei einer sachgemäßen Zubereitung der Lebensmittel ist daher nicht mit einer gesundheitsschädlichen Wirkung von Proteaseinhibitoren zu rechnen. Stattdessen wird vermutet, dass einige von ihnen sogar antioxidative Eigenschaften aufweisen und somit gesundheitsförderlich sein können.[78]

## Glykoalkaloide

Glykoalkaloide sind natürliche chemische Verbindungen, die in einigen Pflanzenarten, insbesondere in der Familie der Nachtschattengewächse wie Kartoffeln, Tomaten, Paprika und Auberginen vorkommen. Sie wirken als natürliche Pestizide und Fungizide, indem sie für viele Insekten und Mikroorganismen toxisch sind und der Pflanze somit helfen, sich gegen verschiedene Schädlinge und Krankheitserreger zu verteidigen.

Ein bekanntes Glykoalkaloid ist das Solanin, das in Kartoffeln vorkommt und bei einer hohen Aufnahmemenge die Zellmembranen auf verschiedene Weise schädigen bis hin zur Zerstörung der Zelle. Dies kann sich in Form von Übelkeit, Erbrechen und Durchfall äußern. Vor allem an den grünen Stellen und den Keimstellen der Kartoffel ist viel Solanin enthalten, sodass sie großzügig entfernt werden sollten. Solanin ist zwar hitzestabil, geht beim Kochen jedoch in das Wasser über, sodass das Kochwasser weggeschüttet werden sollte.

In reifen Früchten ist der Solaningehalt in der Regel niedrig und stellt kein Gesundheitsrisiko für Hunde dar. Daher können reife Tomaten, Paprika und Auberginen in moderaten Mengen gekocht und gefüttert werden. Unreife, grüne Tomaten sowie grüne Paprika sollten hingegen gemieden werden.

Allgemein legen aktuelle wissenschaftliche Erkenntnisse nahe, dass das schlechte Image der sogenannten Antinährstoffe neu überdacht werden sollte. Denn in moderaten Mengen weisen sie keine gesundheitlichen Risiken auf und lassen eine Reihe positiver Effekte vermuten.[49] Auch wenn sich diese Erkenntnisse auf den menschlichen Organismus beziehen, so erfolgten sie auf Basis von Tierversuchen und können daher sicherlich auch auf Hunde übertragen werden.

## Ballaststoffe in der veganen Fütterung

Ballaststoffe sind in der Regel Kohlenhydrate, meist Polysaccharide, die nicht im Dünndarm verdaut werden können und somit in den Dickdarm gelangen, wodurch sie dem Körper nicht beziehungsweise nur in geringem Umfang für die Energiegewinnung zur Verfügung stehen. Sie wirken gesundheitsfördernd, sodass sie eine wichtige Rolle in der veganen Hundeernährung spielen. Zu unterscheiden sind hierbei die wasserunlöslichen von den wasserlöslichen Ballaststoffen:

### Wasserunlösliche Ballaststoffe

Es gibt wasserunlösliche Ballaststoffe, die in erster Linie als Füllstoff dienen, um das Volumen der Ration zu erhöhen, ohne die Kalorienmenge signifikant zu beeinflussen. Das führt nicht nur zu einer längeren Sättigung, sondern regt auch die Darmtätigkeit an und fördert eine gesunde Verdauung.

Bekannte Beispiele sind Cellulose und Hemicellulose, die in den Zellwänden von Pflanzen vorkommen und somit in vielen veganen Lebensmitteln vorhanden sind. Vollkorn- und Pseudogetreide, Hülsenfrüchte sowie viele Schalen von Gemüse und Obst weisen einen hohen Gehalt an Cellulose sowie Hemicellulose auf.

### Wasserlösliche Ballaststoffe

Einige Ballaststoffe sind hingegen wasserlöslich und werden im Dickdarm durch mikrobielle Fermentation aufgespalten. Das bedeutet, dass diese Ballaststoffe durch Darmbakterien abgebaut werden, indem sie Bakterien, die für eine ausgewogene und gesunde Darmflora sorgen, als Nahrung (Präbiotikum) dienen. Dieser Vorgang wirkt sich sehr positiv auf die Darmgesundheit aus, weil die Vermehrung der „guten" Bakterien gefördert und Verdauungsbeschwerden reduziert werden können.

Beta-Glucane, die verstärkt in Haferflocken vorkommen sowie Pektine, die unter anderem in Apfelschalen zu finden sind, stellen Beispiele wertvolle wasserlösliche Ballaststoffe dar. Auch einige Knollen und Wurzeln liefern viele wasserlösliche Ballaststoffe, wie Inulin, das in Chicorée und Topinambur vermehrt vorkommt.

Da vor allem pflanzliche Lebensmittel viele Ballaststoffe enthalten, ist die vegane Hundeernährung im Allgemeinen recht ballaststoffreich. Ein hoher Ballaststoffanteil kann die Gesamtverdaulichkeit der Nahrung jedoch negativ beeinflussen, was unproblematisch ist, wenn dieser Umstand bei der Zusammenstellung einer bedarfsdeckenden veganen Ration berücksichtigt wird.

# 9.

# Kohlenhydratquellen in der veganen Hundeernährung

Geeignete kohlenhydratreiche Lebensmittel für Hunde entsprechen den klassischen Beilagen in der menschlichen Ernährung wie Getreide, Pseudogetreide oder Knollen. Auch wenn Hunde ernährungsphysiologisch nicht zwangsläufig kohlenhydratreiche Lebensmittel benötigen, sind sie dennoch aufgrund ihres hohen Stärkeanteils sehr gute Energielieferanten und können somit einen veganen Rationsplan sinnvoll ergänzen.

Grundsätzlich bestehen Kohlenhydrate aus Zuckermolekülen. Je nachdem wie viel dieser Moleküle sich zu einem Zuckerbaustein zusammenschließen, lassen sich Kohlenhydrate in vier Gruppen unterteilen:

- Einfachzucker, auch Monosaccharide genannt, haben einen Zuckerbaustein (wie Glukose und Fruktose).
- Zweifachzucker, auch Disaccharide genannt, haben zwei Zuckerbausteine (wie Saccharose und Laktose).
- Mehrfachzucker, auch Oligosaccharide genannt, haben je nach Literaturquelle drei bis neun oder zehn Zuckerbausteine (etwa Fructo-Oligosaccharide, die zudem eine präbiotische Wirkung haben)
- Vielfachzucker, auch Polysaccharide genannt, haben drei bis mehrere tausend Zuckerbausteine (etwa Stärke).

Viele Kohlenhydrate werden im Dünndarm durch Enzyme in ihre einzelnen Zuckerbausteine aufgespalten, um dem Körper als Energie zur Verfügung stehen zu können. Dabei stellen die Mono- und Disaccharide sehr leicht verfügbare Kohlenhydrate dar, die wegen ihrer einfachen Struktur sehr leicht beziehungsweise gar nicht gespalten werden müssen und somit schnell Energie liefern. Aus diesem Grund werden sie oft einfache Kohlenhydrate oder Zucker genannt. Die Polysaccharide sind hingegen aufgrund ihrer komplexen Struktur für den Körper aufwändiger zu zerlegen. Sie bestehen aus langkettigen Kohlenhydraten, deren Aufspaltung längere Zeit in Anspruch nimmt, sodass sie oft auch als komplexe Kohlenhydrate bezeichnet werden. Viele Oligosaccharide sind für Hunde hingegen schwer verdaulich, da ihnen ebenso wie den Menschen die notwendigen Enzyme fehlen, um diese Art von Kohlenhydraten effizient abzubauen.

Monosaccharide sind typischerweise in Obst enthalten, aber auch in einigen Gemüsesorten wie Karotten oder Süßkartoffeln. Zu den Disacchariden zählen der klassische Haushaltszucker (Saccharose) und der Milchzucker (Laktose), sodass sie unter anderem in gesüßtem Hundefutter und Milchprodukten vorkommen. Ein zu hoher Zuckerkonsum ist nicht nur für Menschen, sondern auch für Hunde gesundheitsschädlich, weshalb bei Fertigfutter mit zugesetztem Zucker, gesüßte Lebensmittel sowie zu große Obstmengen verzichtet werden sollte.

Oligosaccharide werden gerne mit Hülsenfrüchten in Zusammenhang gebracht und sollen Blähungen verursachen. Doch nicht alle Oligosaccharide können hierfür verantwortlich gemacht werden, Einige können aufgrund ihrer präbiotischen Wirkung sogar einen sehr positiven Beitrag zur Gesundheit der Hunde beitragen, wie Fructo-Oligosaccharide (FOS).

Ein sehr bekannter Vertreter der Polysaccharide ist die Stärke. Diese findet sich in Pseudogetreide, Getreide, Hülsenfrüchte, Knollen sowie Wurzelgemüse. Da Hunde im Laufe der Zeit die Fähigkeit erworben haben, Stärke zu verdauen, stellen diese Lebensmittel eine wertvolle Energiequelle in veganen Rationen dar.

## Ballaststoffe in Pseudogetreide und Getreide

In der Vollkornvariante weisen Kohlenhydrate einen hohen Gehalt an Ballaststoffen auf und können damit die Gesundheit von Hunden positiv beeinflussen. Ein bekanntes Beispiel ist die Cellulose, die in den Zellwänden von Pflanzen wie Pseudogetreide und Getreide vorkommt. Sie ist nicht wasserlöslich und hilft dabei, eine gesunde Verdauung zu unterstützen. Ein Beispiel für wasserlösliche Ballaststoffe in Kohlenhydratquellen stellen die Beta-Glucane dar, die vermehrt in Haferflocken zu finden sind und als Präbiotikum die Darmflora positiv beeinflussen können.

### Achtung

Auch wenn sich das Verdauungssystem der Hunde an eine kohlenhydratreiche Ernährung angepasst hat und Rationen zu zwei Drittel aus Kohlenhydraten bestehen könnten, sollte die Verdauung des Hundes immer individuell betrachtet werden. Nicht jeder Hund mag eine große Menge an Kohlenhydraten und mögliche Unverträglichkeiten sollten berücksichtigt werden. Kohlenhydratquellen liefern zudem relativ viel Energie, aber verhältnismäßig wenig Mineralstoffe und Vitamine, sodass ein sehr hoher Kohlenhydratanteil kritisch zu prüfen ist. Eine Überversorgung mit Energie birgt die Gefahr, Übergewicht zu begünstigen, was ein ernstzunehmendes Gesundheitsrisiko darstellt.

## Nachhaltigkeitstipp

Nach Möglichkeit sollte im Rahmen der Nachhaltigkeit auf Produkte in Bioqualität und / oder aus regionalem Anbau gesetzt werden. Einige Kohlenhydratquellen wie Süßkartoffeln oder Reis lassen sich nicht beziehungsweise nur sehr begrenzt in Deutschland oder Europa anbauen, sodass diese lieber nicht zu oft gefüttert werden sollten.

# Pseudogetreide vs. Getreide

Der Unterschied zwischen Getreide und Pseudogetreide liegt darin, dass das Pseudogetreide botanisch gesehen zu einer anderen Pflanzenfamilie gezählt wird:

### Pseudogetreide

Pseudogetreide sind Körner, die wie herkömmliches Getreide verwendet werden können, jedoch kein echtes Getreide sind. Diese Scheingetreide gehören botanisch gesehen nicht zur Familie der Süßgräser, sondern zu den Fuchsschwanzgewächsen wie Amaranth und Quinoa beziehungsweise zu den Knöterichgewächsen wie der Buchweizen. Allen gemeinsam ist, dass sie glutenfrei sind.

### Getreide

Alle Getreidesorten zählen hingegen zur Familie der Süßgräser. Die bekanntesten in Deutschland sind Weizen, Roggen, Dinkel, Gerste, Hafer, Hirse, Reis und Mais. Während Weizen, Roggen, Dinkel, Gerste Gluten enthalten, sind Hirse, Reis und Mais glutenfrei. Hafer nimmt eine Sonderstellung ein, da er als glutenarm gilt.

### Ist Getreide generell schlecht für den Hund?

Oft wird als ein großer Vorteil von Pseudogetreide seine Glutenfreiheit genannt. Jedoch ist sie kein Alleinstellungsmerkmal, denn es gibt auch Getreidesorten, die glutenfrei sind.

Einige Hundehalter gehen davon aus, dass Hundefutter glutenfrei und damit getreidefrei sein sollte und setzen Glutenfreiheit fälschlicherweise mit Getreidefreiheit gleich. Hier besteht jedoch ein Missverständnis, da nicht alle Getreidesorten glutenhaltig sind. Pauschal auf Getreide zu verzichten, damit der Hund kein Gluten erhält, ist somit nicht korrekt.

Auch ein höherer Vitamin- und Mineralstoffgehalt des Pseudogetreides kann nicht pauschal bestätigt werden. Es gibt durchaus einige Sorten, die reich an bestimmten Nährstoffen sind. Ebenso verhält es sich beim Getreide.

Als weiterer Grund für Getreideverzicht wird die schlechte Verdaulichkeit von Stärke genannt. Nicht selten wird daher auf getreidefreies Futter gesetzt, das als Hauptkomponenten Kartoffeln oder Erbsen enthält. Da diese Alternativen ebenfalls einen hohen Stärkeanteil aufweisen, ist ein Verzicht auf Getreide aus dieser Sicht ebenfalls nicht logisch.

## Was ist Gluten?

Mittlerweile ernähren sich immer mehr Menschen aus den unterschiedlichsten Gründen glutenfrei. Zu beobachten ist, dass diese Ernährungsform auch immer öfter auf Hunde übertragen wird und das Angebot an glutenfreiem Fertigfutter zunimmt. Bei Gluten handelt es sich um ein sogenanntes Klebereiweiß, das aus mehreren Substanzen besteht und natürlicherweise in einigen Getreidesorten enthalten ist. Das Besondere ist, dass es zu einem Kleber wird, sobald es mit Wasser in Kontakt kommt und somit positive Backeigenschaften aufweist. Das Problem am Gluten liegt darin, dass die heutigen überzüchteten Getreidesorten teilweise einen höheren Glutengehalt oder eine veränderte Struktur des Glutens aufweisen als früher, eben um die Backeigenschaften weiter zu verbessern. Dinkel weist dabei den höchsten Gehalt auf, dicht gefolgt von Weizen. Diese Veränderungen können sich negativ auf die Darmgesundheit von Hunden und Menschen auswirken, sodass Gluten in Verdacht steht, zahlreiche Krankheiten auszulösen oder zu begünstigen. Hierfür fehlt es allerdings an wissenschaftlichen Beweisen. Natürlich können genauso wie Menschen auch Hunde an einer Glutenunverträglichkeit beziehungsweise -sensitivität leiden, die sich unter anderem in Form von Verdauungsbeschwerden äußern kann. Jedoch kommt das selten vor, lediglich Irish Setter können davon betroffen sein, weil sie hierfür eine genetische Veranlagung aufweisen.

Auch wenn viele Hunde glutenreiches Getreide in kleinen Mengen in der Regel gut vertragen und es bisher keine wissenschaftlich eindeutigen Erkenntnisse gibt, die bestätigen, dass Gluten die Gesundheit von gesunden Hunden tatsächlich beeinträchtigt, wird in diesem Buch nur glutenfreies Getreide sowie Pseudogetreide betrachtet und empfohlen.

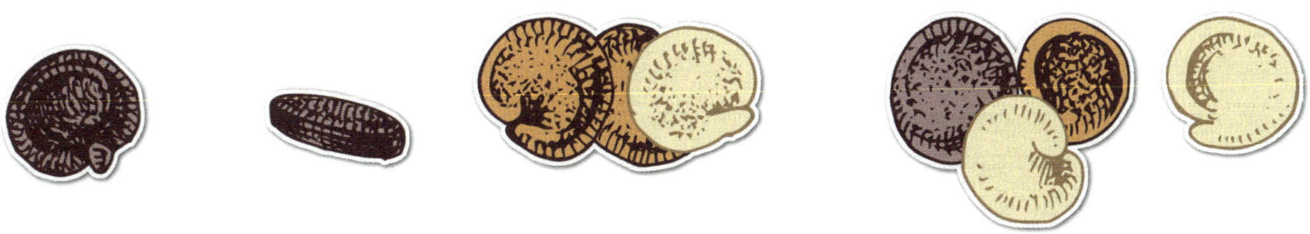

## Allgemeine Zubereitungshinweise zu den Kohlenhydratquellen

Für alle Kohlenhydratquellen gilt, dass die darin enthaltene Stärke für Hunde erst aufgeschlossen werden muss, damit sie diese verdauen können. Das wird in der Regel durch längeres Kochen erreicht.

> **Richtwert:**
> Kohlenhydratquellen sollten ungefähr zehn bis 15 Minuten länger gekocht werden als üblich. Dabei sollte auf eine etwas höhere Wasserzugabe geachtet werden, damit sie nicht anbrennen. Wenn sie für den eigenen Geschmack als zu weich empfunden werden, sind sie für Hunde in der Regel genau richtig.

### Sollten Pseudogetreide- und Getreidekörner vor der Zubereitung abgespült werden?

Pseudogetreide und Getreidekörner können kleine Verunreinigungen wie Staub enthalten, die sich durch Abwaschen entfernen lassen. Auch Bitterstoffe, die einen leicht bitteren Geschmack verursachen können, werden minimiert, wenn die Körner vorher in einem Sieb gespült werden.

### Was ist bei der Verwendung von Flocken zu beachten?

Bei Flockenvarianten wie Haferflocken- oder Buchweizenflocken sollte darauf geachtet werden, dass sie vorher eingeweicht werden, am besten über Nacht. Sie sind dadurch besser verdaulich und Antinährstoffe werden auf diese Weise reduziert.

Das Verhältnis von Wasser zu Flocken sollte ungefähr bei 3:1 liegen. Beispiel: 300 Gramm Wasser werden zum Einweichen von 100 Gramm Haferflocken benötigt. Allerdings kann sich dieses Verhältnis je nach Flockenart etwas verschieben, daher gilt auch bei der Zubereitung von Flocken allgemein: Wenn sie für den menschlichen Geschmack zu weich sind, sind sie für Hunde genau richtig.

Wenn es schneller gehen soll, können die Flocken auch kurz aufgekocht werden, bis sie sehr weich sind und dann abgekühlt verfüttert werden.

Alternativ können sie aber auch gemahlen werden, dann mit heißem Wasser überbrüht und zuletzt kurz quellen und auskühlen gelassen werden.

Das Flocken zu Wasser Verhältnis beträgt bei beiden Varianten ebenfalls ungefähr 3:1.

Das Mahlen ist wichtig, damit die Antinährstoffe reduziert werden. Alternativ kann auch Babybrei aus reinem Getreide wie Hafer verwendet werden. Wichtig ist darauf zu achten, dass es sich um einen reinen Getreidebrei ohne Zusätze handelt.

### Dürfen Hunde Nudeln bekommen?

Es gibt einige Pseudogetreide- und Getreidesorten, die als Nudeln angeboten werden und ebenfalls eine schnelle Kohlenhydratquelle darstellen. Sie können Hunden problemlos gefüttert werden, wenn sie nach Packungsanleitung zubereitet und ungefähr fünf bis zehn Minuten länger gekocht werden als angegeben. Als Nudelvarianten werden oft Buchweizennudeln im Handel angeboten, aber auch Nudeln aus Quinoa und anderen Getreide- und Pseudogetreidesorten sind in ausgewählten Geschäften und im Internet zu finden

### Lagerung der gekochten Kohlenhydratquellen

Gekochtes oder eingeweichtes Pseudogetreide und Getreide kann in der Regel drei bis vier Tage im Kühlschrank aufbewahrt werden.

Nachfolgend werden einige Pseudogetreide- und Getreidesorten vorgestellt, die für Hunde eine wertvolle Nährstoffquelle darstellen und den Rationsplan sinnvoll ergänzen:

Bevor es im Kapitel 14 um die konkrete Rationsgestaltung geht und im Kapitel 15 Rezeptbeispiele zum Nachkochen benannt werden, werden nachfolgend zunächst die einzelnen Kohlenhydratquellen beschrieben, die für Hunde gut geeignet sind. Da die Kohlenhydratquellen eine der fünf Komponenten eines veganen Rationsplans darstellen, sollte immer eine der folgenden Kohlenhydratquellen in der Tagesration vorhanden sein. Sollte der Hund eine der Kohlenhydratquellen nicht mögen, kann problemlos eine andere ausgewählt werden.

## Buchweizen

Buchweizen ist reich an B-Vitaminen, Magnesium, Eisen und sekundären Pflanzenstoffen. Er wirkt antioxidativ und entzündungshemmend. Zudem beeinflusst er den Blutzuckerspiegel positiv, fördert die Herzgesundheit, ist leicht verdaulich und punktet mit vielen Ballaststoffen.

Buchweizen sollte vorher abgewaschen und danach zehn bis 15 Minuten länger, als auf der Packungsanleitung angegeben ist, mit viel Wasser gekocht werden.

Wasser-Buchweizen-Verhältnis: ungefähr 3:1

Ungefähre Kochzeit: 30 bis 35 Minuten

Wenn die Flockenvariante gewählt wird, sollte die Zubereitung analog zu der Beschreibung in den allgemeinen Zubereitungshinweisen von Kohlenhydraten erfolgen.

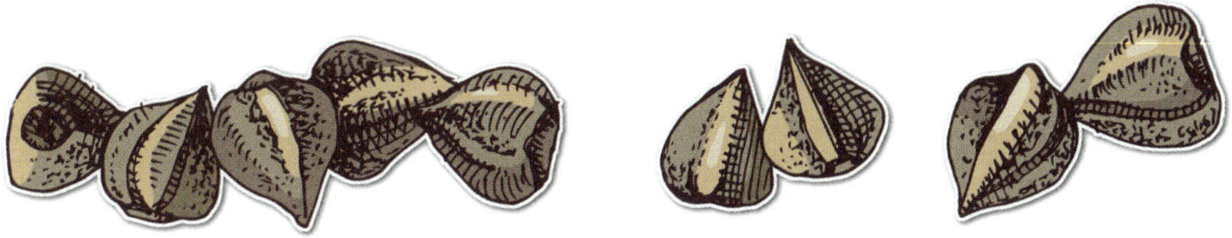

# Quinoa

Quinoa zeichnet sich vor allem durch einen vergleichsweise hohen Proteingehalt und viele wertvolle Nährstoffe aus, einschließlich Magnesium, Eisen, Zink, Kalium und B-Vitaminen. Zudem enthält es Antioxidantien, ist leicht verdaulich und ballaststoffreich.

Quinoa sollte vorher abgewaschen und danach zehn bis 15 Minuten länger, als auf der Packungsanleitung angegeben ist, mit viel Wasser gekocht werden.

Wasser-Quinoa-Verhältnis: ungefähr 3:1

Ungefähre Kochzeit: 30 bis 35 Minuten

Wenn die Flockenvariante gewählt wird, sollte die Zubereitung analog zu der Beschreibung in den allgemeinen Zubereitungshinweisen von Kohlenhydraten erfolgen.

# Amaranth

Amaranth ist reich an wichtigen Nährstoffen wie Eisen, Magnesium, Phosphor, Kalium sowie Calcium. Es enthält zudem B-Vitamine und ist eine gute Quelle für Vitamin E. Ebenso wie Quinoa ist auch Amaranth proteinreich und wirkt antioxidativ sowie stärkend auf das Immunsystem. Zudem ist es leicht verdaulich und ballaststoffreich.

Amaranth sollte vorher abgewaschen und danach zehn bis 15 Minuten länger, als auf der Packungsanleitung angegeben ist, mit viel Wasser gekocht werden.

Wasser-Amaranth-Verhältnis: ungefähr 3-4:1

Ungefähre Kochzeit: 40 bis 45 Minuten

Wenn die Flockenvariante gewählt wird, sollte die Zubereitung analog zu der Beschreibung in den allgemeinen Zubereitungshinweisen von Kohlenhydraten erfolgen.

# Hirse

Hirse ist eine gute Quelle für verschiedene Nährstoffe, einschließlich B-Vitamine, Magnesium, Kalium, Phosphor, Eisen und Zink. Sie enthält auch Antioxidantien und sekundäre Pflanzenstoffe. Hirse weist zudem antioxidative und antimikrobielle Eigenschaften auf, ist ballaststoffreich und gut verdaulich.

Nach gründlichem Abwaschen sollte Hirse zunächst kurz aufgekocht und dann zehn bis 15 Minuten länger als auf der Packungsanleitung angegeben ist, bei geringerer Hitze quellen, bis sie sehr weich ist. Da sie leicht am Topf anbrennt, sollte sie ab und zu umgerührt und auf eine ausreichende Wasserzufuhr geachtet werden.

Wasser-Hirse-Verhältnis: ungefähr 3:1

Ungefähre Kochzeit: 30 bis 35 Minuten

Wenn die Flockenvariante gewählt wird, sollte die Zubereitung analog zu der Beschreibung in den allgemeinen Zubereitungshinweisen von Kohlenhydraten erfolgen.

## Haferflocken und Haferkleie

### Haferflocken

Haferflocken haben eine hervorragende Nährstoffbilanz. Sie enthalten nicht nur viele Proteine, sondern auch viele Ballaststoffe, wirken verdauungsfördernd und beeinflussen die Darmflora des Hundes positiv. Zudem sind sie eine gute Quelle für Mangan, Phosphor, Magnesium, Kupfer, Eisen, Zink, B-Vitamine und Vitamin E. Auch entzündungshemmende und antioxidative Eigenschaften werden Hafer beziehungsweise Haferflocken nachgesagt, sodass sie eine wertvolle Zutat im veganen Rationsplan darstellen.

Das Verhältnis von Wasser zu Haferflocken sollte ungefähr bei 3:1 liegen.

Die Zubereitung von Haferflocken sollte analog zu der Beschreibung in den allgemeinen Zubereitungshinweisen von Kohlenhydraten erfolgen.

### Haferkleie

Im Handel ist auch Haferkleie zu finden, die ebenfalls sehr gut für Hunde geeignet ist. Da sie nur aus den äußeren Randschichten des Korns und dem Keim besteht, ist sie sehr ballaststoff-, vitamin- und mineralstoffreich.

Das Verhältnis von Wasser zu Haferkleie sollte ungefähr bei 3:1 liegen.

Die Zubereitung erfolgt analog zu den Haferflocken und ist in den allgemeinen Zubereitungshinweisen von Kohlenhydraten zu finden.

# Mais und Polenta

## Mais

Mais ist eine gute Quelle für B-Vitamine, insbesondere Niacin und Folsäure. Er enthält auch wichtige Mineralstoffe wie Phosphor, Magnesium, Zink und Eisen sowie Antioxidantien.

Mais gibt es in der Regel in der Dose oder im Glas zu kaufen. Manchmal ist er auch frisch oder tiefgekühlt zu haben.

Wenn Mais aus der Dose oder dem Glas gewählt wird, sollte dieser mit ausreichend Wasser ungefähr 15 Minuten aufgekocht und püriert werden, damit der Hund die Stärke gut verwerten kann.

## Polenta

Polenta ist Grieß, der aus gemahlenen Maiskörnern hergestellt wurde. Die Kochzeit variiert je nach Art der Polenta, jedoch sollte sie nach dem Abwaschen in der Regel nur kurz aufgekocht und dann etwa zehn Minuten länger, als auf der Packungsanleitung angegeben ist, mit viel Wasser und bei sehr geringer Hitze quellen, bis das Wasser aufgesogen wurde.

**Achtung:** Polenta brennt sehr leicht am Topf an, daher sollte gegebenenfalls noch Wasser hinzugegeben und auf häufiges Umrühren geachtet werden.

Wasser-Polenta-Verhältnis: ungefähr 3 - 4:1
ungefähre Kochzeit: 20 bis 25 Minuten

**Hinweis:**
Mais hat im Allgemeinen einen schlechten Ruf, da er eines der am häufigsten gentechnisch veränderten Lebensmittel ist und etwa 30 Prozent der weltweiten Maisernte gentechnisch verändert ist. Auch wenn Mais hauptsächlich in China, USA, Brasilien, Indien und Argentinien angebaut wird, findet ein Anbau auch in der EU statt. Anders als bei Soja, das offiziell nicht in gentechnisch veränderten Varianten in der EU angebaut werden darf, verhält es sich beim Mais. Aktuell ist eine gentechnisch veränderte Sorte zugelassen. Jedoch konnten einige Länder den Anbau dieser Sorte auf ihrem Gebiet verbieten, sodass folgende Länder keinen gentechnisch veränderten Mais zulassen: Deutschland, Österreich, Bulgarien, Griechenland, Ungarn, Italien, Luxemburg und Polen.[79]

Um sicher zu gehen, sollte daher auf Mais aus den entsprechenden Ländern oder auf Bioqualität geachtet werden, damit Mais eine gesunde und nahrhafte Komponente im veganen Rationsplan des Hundes darstellen kann.

## Reis

Es gibt verschiedene Reissorten im Handel zu kaufen, wobei lieber auf Basmatireis gesetzt werden sollte als auf Vollkornreis. Problematisch am Reis ist der hohe Arsengehalt, der möglicherweise Nerven- und Gefäßschäden verursachen kann. Neue Untersuchungen zeigen, dass die Arsenbelastung im Basmatireis am geringsten ist. Allerdings handelt es sich hierbei um geschälten Reis, der keine nährstoffreiche Schale mehr enthält und somit deutlich weniger wertvolle Nährstoffe aufweist als die übrigen Kohlenhydratquellen. Somit stellt Reis keine wertvolle Kohlenhydratquelle in der veganen Hundeernährung dar und sollte nicht zwangsläufig verwendet werden.

Wenn dennoch Reis eingesetzt werden soll, sollten folgende Schritte befolgt werden, um den Arsengehalt in Reis zu reduzieren:

- Es sollte generell kein Naturreis (Vollkornreis) verwendet werden, da sich das Arsen vor allem in der Schale anreichert. Für genauere Informationen hat die Stiftung Ökotest im Jahr 2023 einen Reis-Test durchgeführt und einige Hersteller ermittelt, die verhältnismäßig arsenarme Reissorten anbieten. Hier ist eine genauere Recherche unter Umständen sinnvoll.[80]
- Reis sollte vor dem Kochen besonders gründlich und am besten mehrfach gewachsen werden.
- Reis sollte mit besonders viel Wasser gekocht werden und das restliche Wasser sollte abgegossen werden, weil sich darin ein Teil des gelösten Arsens befinden kann.

Ungefähre Kochzeit von weißem Reis: 20 bis 25 Minuten

### Nachhaltigkeitstipp

Reis hat durch den langen Transportweg und den enormen Wasserverbrauch beim Anbau eine sehr schlechte Ökobilanz. Daher sollte auf die Fütterung von Reis am besten verzichten werden, zumal die anderen Kohlenhydratquellen deutlich mehr Nährstoffe aufweisen und somit für Hunde wertvoller sind.

## Kartoffeln und Süßkartoffeln

Eine weitere gern gewählte Kohlenhydratquelle stellen Kartoffeln und Süßkartoffeln dar. Auch wenn sie ähnlich klingen und relativ ähnlich aussehen, sind sie nicht miteinander verwandt.

Kartoffeln gehören zur Familie der Nachtschattengewächse, die Süßkartoffel hingegen zu den Windengewächsen. Kartoffeln sowie Süßkartoffeln zählen auch nicht zum Gemüse, sondern sind stärkehaltige Knollen.

Kartoffeln sind reich an Kalium, Magnesium, Eisen, einigen B-Vitaminen und Vitamin C. Sie bestehen zu 80

Prozent aus Wasser und sind deshalb kalorienarm sowie gut verdaulich.

Süßkartoffeln haben mehr Calcium, Vitamin C und Vitamin E als Kartoffeln und sind reich an Beta-Carotin, was die Vorstufe von Vitamin A darstellt und den Süßkartoffeln ihre leuchtend orangene Farbe verleiht. Im Gegensatz zu Kartoffeln haben sie mehr Kalorien.

Der Vorteil der Süßkartoffel ist, dass sie mit Schale verzehrt werden kann. Diese enthält nicht nur besonders viele Antioxidantien und Vitamine, sondern dient laut einer Studie aus dem Jahr 2016 zur Prävention von bestimmten Krebsarten.[81]

Kartoffeln sollten hingegen besser ohne Schale gefüttert werden, da sie unter anderem Solanin enthält, das die Knolle vor Fraßschädlingen schützt. Der Verzehr von zu großen Mengen könnte zu Verdauungsbeschwerden, Schleimhautreizungen und sogar Krämpfen führen. Allerdings werden die Kartoffeln in Deutschland regelmäßig auf ihren Solanin-Gehalt überprüft und die Grenzwerte in der Regel eingehalten, sodass eine Vergiftung eher unwahrscheinlich ist.

Dennoch sollten sicherheitshalber folgende Tipps beachten werden:

- Die Kartoffeln sollten dunkel und trocken gelagert werden, damit sie nicht austreiben.
- Die Kartoffelschale sowie grüne Stellen und Austriebe sollten großzügig entfernt werden.
- Das Kochwasser von Kartoffeln sollte immer weggeschüttet werden, da das Solanin teilweise in das Wasser übergeht.
- Ungefähre Kochzeit von Kartoffeln (in Stücke geschnitten): 30 Minuten (kann je nach Sorte variieren)
- Ungefähre Kochzeit von Süßkartoffeln (in Stücke geschnitten): 20 Minuten

## Nachhaltigkeitstipp

Süßkartoffeln werden in der Regel in Amerika, Asien oder Afrika angebaut, sodass ihre Ökobilanz aufgrund des sehr langen Transportweges schlecht ist. Besser wäre es, Süßkartoffeln aus deutschem Anbau zu wählen. Weil das aufgrund des begrenzten Angebots recht schwierig sein dürfte, sollte die Süßkartoffel nur selten verwendet und auf alternative Kohlenhydratquellen gesetzt werden.

# 10.

# Proteinquellen in der veganen Hundeernährung

Proteine werden auch als Eiweiße bezeichnet und bestehen aus Aminosäuren, die in Ketten räumlich angeordnet sind und jeweils eine vordefinierte Struktur aufweisen. Da der Körper des Hundes kaum Proteinspeicher besitzt, muss er regelmäßig ausreichend mit ihnen versorgt werden. Das ist wichtig, weil im Körper ein permanenter Stoffwechsel stattfindet, für den Proteine notwendig sind.

Proteine dienen vor allem der Erhaltung der Körpersubstanz und der Gewebeneubildung, da sie unter anderem das Baumaterial für Muskeln, Organe und Blut, aber auch Enzyme und Hormone liefern. Zudem bilden sie die Hauptkomponenten des Immunsystems, sodass deutlich wird, was für eine wichtige Rolle sie für den Erhalt der Gesundheit spielen. Ein Hund hat keinen Proteinbedarf im wörtlichen Sinn, sondern benötigt die in Proteinen enthaltenen essenziellen Aminosäuren. Da diese aber in der Regel über Futterproteine und nicht isoliert zugeführt werden, wird im Allgemeinen von Proteinen gesprochen. In den meisten Futterproteinen kommen 20 für den Hund relevante Aminosäuren vor, wovon jedoch nur acht für den Hund essenziell sind, also über die Nahrung zugeführt werden müssen.[10]

Zu unterscheiden sind somit zwei Arten von Aminosäuren:

- essenzielle Aminosäuren, die nicht vom Körper selbst hergestellt und zwingend mit der Nahrung aufgenommen werden müssen
- nicht-essenzielle Aminosäuren, die der Körper selbst herstellen kann, wenn die gesamte Versorgungslage ausreichend ist

Essenzielle Aminosäuren für Hunde sind daher:

- Isoleucin
- Histidin
- Leucin
- Lysin
- Threonin
- Tryptophan
- Valin
- Arginin

Darüber hinaus gibt es noch zwei weitere Aminosäuren, die als semi-essenziell für Hunde gelten. Das bedeutet, dass die Aminosäuren in einem gewissen Umfang und unter bestimmten Voraussetzungen durch andere nicht-essenzielle Aminosäuren kompensiert werden können. Dennoch sollte sicherheitshalber immer auf eine ausreichende Zufuhr der semi-essenziellen Aminosäuren aus der Nahrung geachtet werden, damit ein Defizit ausgeschlossen werden kann.

Semi-essenzielle Aminosäuren für Hunde sind:

- Methionin (ist teilweise durch die Aminosäure Cystein ersetzbar)
- Phenylalanin (ist teilweise durch die Aminosäure Tyrosin ersetzbar)

Die Bedarfsdeckung aller essenziellen sowie semi-essenziellen Aminosäuren ist daher für die Gesundheit und das Wohlbefinden des Hundes von zentraler Bedeutung. Ist nur eine essenzielle Aminosäure nicht im ausreichenden Maße vorhanden, werden alle Stoffwechselprozesse im Körper durch dieses Defizit maßgeblich beeinflusst und beeinträchtigt.

### Was ist hinsichtlich der essenziellen Aminosäuren bei pflanzlichen Lebensmitteln zu beachten?

Da in pflanzlichen Proteinen im Vergleich zu tierischen nicht alle essenziellen Aminosäuren im ausreichenden Maß vorhanden sind, werden sie als unvollständig bezeichnet. Die Aminosäure, die im Verhältnis zum Bedarf des Hundes das größte Defizit in einem Protein verursacht, wird als limitierende Aminosäure bezeichnet. Diese Aminosäure wird aufgrund ihres zu geringen Vorkommens die Stoffwechselprozesse so lange einschränken, bis das Defizit ausgeglichen ist. Aus diesem Grund sollte bei der veganen Ernährung des Hundes immer der individuelle Bedarf an Aminosäuren betrachtet und auf eine geschickte Kombination von Lebensmitteln geachtet werden, die sich in ihrer Aminosäurezusammensetzung ergänzen.

Eine gute Ergänzung stellen Hülsenfrüchte, Getreide und Pseudogetreide dar. Die Wichtigkeit dieser Kombinationen soll anhand des nachfolgenden Beispiels verdeutlicht werden. Hierbei ist zu betonen, dass lediglich die Aminosäuren betrachtet werden und bewusst die Deckung des Bedarfs an Mineralstoffen und Vitaminen unberücksichtigt bleibt.

### Beispiel

Würde ein mittelgroßer Hund beispielsweise eine vegane Ration erhalten, die aus Linsen, Gemüse und Ölen besteht, ist sehr gut zu erkennen, dass – ungeachtet der Deckung der restlichen Nährstoffe – nicht alle Aminosäuren im ausreichenden Maß vorhanden sind. Die essenzielle Aminosäure Tryptophan sowie die semi-essenzielle Aminosäure Methionin weisen teilweise große Defizite auf, sodass die Stoffwechselprozesse nicht optimal im Körper ablaufen können. Da nicht davon auszugehen ist, dass Methionin im ausreichenden Maße von Cystein ersetzt werden kann, stellt in diesem Fall Methionin die limitierende Aminosäure dar, die die Stoffwechselprozesse maßgeblich hemmt.

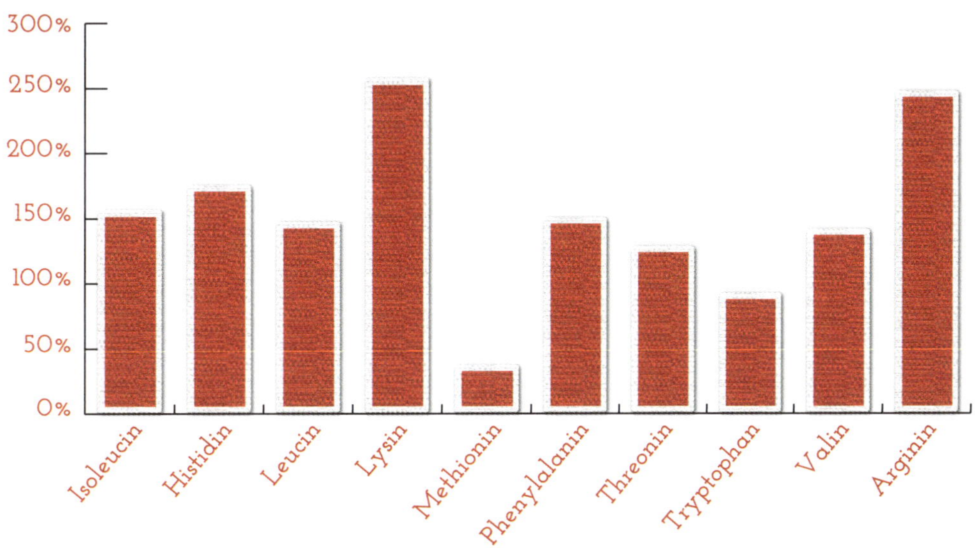


Deckung des Tagesbedarfs eines mittelgroßen Hundes durch eine vegane Tagesration auf Basis von Linsen, Gemüse und Ölen

Würden jedoch in der gleichen veganen Tagesration die Linsen etwas zugunsten von Haferflocken und Chiasamen reduziert, ergibt sich in Kombination mit Gemüse und Ölen hinsichtlich der Aminosäuredeckung ein anderes Bild. Tryptophan ist nun im ausreichenden Maß vorhanden und es besteht nur noch Optimierungsbedarf bei der Methionin-Menge. Weil Methionin eher nicht im benötigten Umfang durch Cystein ersetzt werden kann, ist eine Ergänzung dringend anzuraten. Sollte Methionin nicht ergänzt werden und auch nicht durch Cystein ausgeglichen werden können, würde die gesamte Proteinsynthese nur zu ungefähr 60 bis 70 Prozent stattfinden, da der Methionin-Bedarf ebenfalls nur zu ungefähr 60 bis 70 Prozent gedeckt ist.

Aus diesem Grund empfiehlt es sich immer, die vegane Ration des Hundes individuell überprüfen zu las-

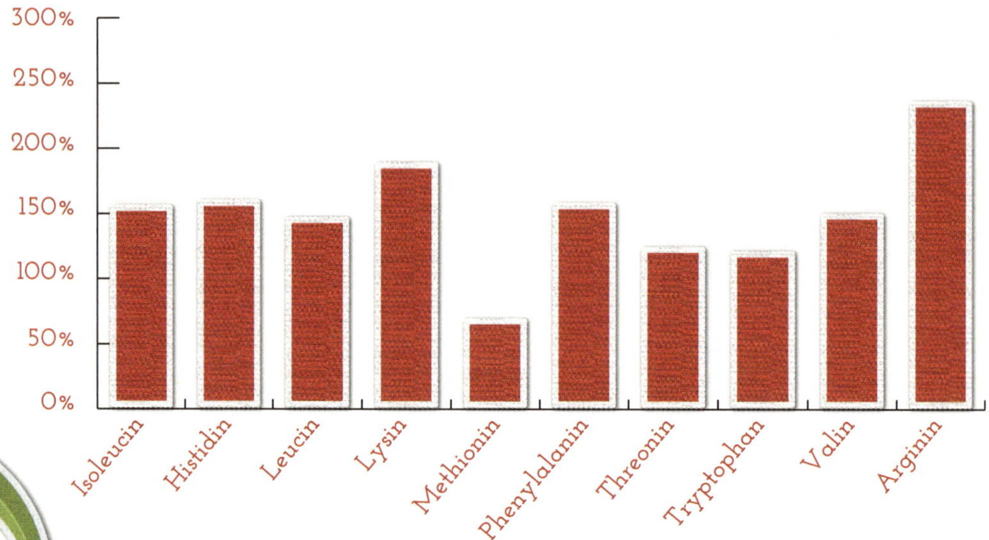


Deckung des Tagesbedarfs eines mittelgroßen Hundes durch eine vegane Tagesration auf Basis von Linsen, Haferflocken, Chiasamen, Gemüse und Ölen

sen, auf geschickte Kombinationen aus pflanzlichen Proteinquellen, Kohlenhydratquellen und gegebenenfalls Nüssen, Kernen und Samen zu setzen sowie die limitierenden Aminosäuren zu ergänzen.

## Wertvolle pflanzliche Proteinquellen

Eine sehr wertvolle pflanzliche Proteinquelle stellen Hülsenfrüchte dar, die zur Familie der Schmetterlingsblütler gehören und auch Leguminosen genannt werden. Konkret sind unter Hülsenfrüchten Pflanzensamen zu verstehen, die in einer Hülse heranreifen. Sie dienen seit über 10.000 Jahren in vielen Kulturen als Nahrung und stellen die Kohlenhydrat- und Proteinversorgung vieler Menschen sicher. Weltweit gibt es um die 13.000 Arten an Hülsenfrüchten, die nicht nur einen ähnlich hohen Proteingehalt wie einige tierische Produkte aufweisen, sondern zusätzlich zahlreiche Vitamine, Mineralstoffe, Ballaststoffe und wertvollen sekundären Pflanzenstoffe.[49] Das macht sie zu einem wichtigen Bestandteil im veganen Rationsplan, weil sie maßgeblich zur Deckung des Proteinbedarfs des Hundes beitragen. Sie finden sich auch in vielen veganen Fertigfuttersorten. Hülsenfrüchte können zu Blähungen führen, weshalb Hunde langsam an diese Proteinquelle gewöhnt werden sollten.

### Warum können Hülsenfrüchte blähend wirken?

Als Erklärung für dieses Phänomen wird der Gehalt an einigen Oligosacchariden wie Raffinose oder Stachyose genannt, die in Hülsenfrüchten vorkommen. Oligosaccharide sind Mehrfachzucker und zählen somit zu den Kohlenhydraten.[49]

Das Problem an den Oligosacchariden ist, dass Hunde die Verdauungsenzyme im Dünndarm nicht vollständig zerlegen können und die unverdauten Oligosaccharide in den Dickdarm gelangen. Dort werden sie durch Darmbakterien abgebaut, wodurch Gase entstehen, die bei einigen Hunden zu Blähungen führen können. Bei einer langsamen Futterumstellung mit Hülsenfrüchten hat der Darm Zeit, sich daran zu gewöhnen, sodass sich Blähungen mit der Zeit reduzieren oder gänzlich verschwinden können.

### Achtung

Blähende Oligosaccharide kommen vor allem in rohen Hülsenfrüchten vor, die für den Hund aber ohnehin nicht geeignet sind und ungekocht in keinem Fall gefüttert werden dürfen. Mit der richtigen Zubereitung werden sie größtenteils abgebaut und weisen dann eine allgemein gute Verdaulichkeit von bis zu 85 Prozent auf.

**Hinweis:**
Nüsse, Kerne und Samen enthalten auch sehr viel Proteine, jedoch sollten sie aufgrund ihres ebenfalls hohen Fett- und somit Kaloriengehalts nur in kleinen Mengen den Rationsplan ergänzen. Aus diesem Grund werden sie nicht als Proteinquelle klassifiziert, sondern werden im Kapitel „Nahrungsergänzungen und Toppings“ näher beschrieben.

## Ballaststoffe in Hülsenfrüchten

Hülsenfrüchte weisen viele wertvolle Ballaststoffe auf, die sich positiv auf die Verdauung und die gesamte Gesundheit der Hunde auswirken können. So enthalten sie den wasserunlöslichen Ballaststoff Cellulose, der für eine gute Verdauung und ein längeres Sättigungsgefühl sorgt, aber auch Pektine und Beta-Glucane, die zu den wasserlöslichen Ballaststoffen zählen und unter anderem durch ihre präbiotische Wirkung positiv auf die Darmflora einwirken. Eine Ausnahme stellen Tofu und Tempeh da, die beide aus Hülsenfrüchten, meist Sojabohnen, hergestellt werden: So weist Tofu nur eine geringe Menge an Ballaststoffen auf, da sie beim Herstellungsprozess größtenteils verloren gehen. Auch wenn Tempeh ballaststoffreicher als Tofu ist, weist auch er nur eine moderate Ballaststoffmenge auf.

| Geeignete Proteinquellen für Hunde |
|---|
| Erbsen |
| Bohnen |
| Linsen |
| Kichererbsen |
| Süßlupine |
| Tofu |
| Tempeh |

# Allgemeine Zubereitungshinweise zu den Proteinquellen

Für alle Hülsenfrüchte gilt, dass sie im rohen Zustand giftig sind und die darin enthaltene Stärke für Hunde erst aufgeschlossen werden muss, damit sie diese verdauen können. Das wird in der Regel analog zu den Kohlenhydratquellen durch längeres Kochen erreicht.

**Richtwert:**
Hülsenfrüchte werden ungefähr zehn bis 15 Minuten länger gekocht als auf der jeweiligen Packungsanweisung steht. Damit sie nicht anbrennen, sollte auf eine etwas höhere Wasserzugabe geachtet werden. Das übriggebliebene Kochwasser wird weggeschüttet.

Allgemein gilt für Hülsenfrüchte: Wenn sie für den eigenen Geschmack als zu weich empfunden werden, sind sie für Hunde in der Regel genau richtig.

Tofu und Tempeh sind zum sofortigen Verzehr geeignet, da sie bereits verarbeitet wurden.

## Warum sollten viele rohe Hülsenfrüchte eingeweicht werden?

Die meisten Hülsenfrüchte müssen vor dem Kochen nach Packungsanleitung für eine unterschiedlich lange Zeit eingeweicht werden. Es gibt aber auch einige kleinere Linsensorten, die keine Einweichzeit benötigen. Ein Einweichen wird dennoch empfohlen, weil dadurch bereits einige Antinährstoffe reduziert, die Verdaulichkeit erhöht und die Kochzeit verkürzt werden. Eine Ausnahme bilden rote und gelbe Linsen, die keine Einweichzeit benötigen und relativ kurz gekocht werden müssen. Sie sind bereits geschält.

Das Einweichwasser muss weggeschüttet werden, da sich hierin nicht nur gelöste Antinährstoffe, sondern auch kleinste Verunreinigungen wie Staub befinden können. Rote und gelbe Linsen, die keine Einweichzeit benötigen, sollten vor dem Kochen gut abgespült werden, weil sie das Wasser komplett aufnehmen. Bedenken bezüglich eines erhöhten Antinährstoffgehalts aufgrund des fehlenden Einweichens braucht es nicht: Antinährstoffe befinden sich größtenteils in der äußeren Randschicht, die durch den Schälvorgang entfernt wurde.

## Pürieren der gekochten Hülsenfrüchte

Damit Hunde Hülsenfrüchte gut verdauen können, sollten diese nach dem Kochen püriert werden. Eine Ausnahme stellen auch hier die roten und gelben Linsen dar, da diese bereits beim längeren Kochen zu einem Brei zerfallen und somit nicht püriert werden müssen.

## Dürfen Hunde Nudeln aus Hülsenfrüchten bekommen?

Es gibt einige Nudelsorten, die aus Hülsenfrüchten hergestellt werden und eine gute und schnell zuzubereitende Alternative für Hunde darstellen. Sie können problemlos gefüttert werden, wenn sie nach

Packungsanleitung zubereitet und ungefähr fünf bis zehn Minuten länger gekocht werden, bis sie sehr weich sind. Als Nudelvarianten sind im Handel oft Linsen-, Erbsen- oder Kichererbsennudeln zu finden.

### Lagerung der gekochten Hülsenfrüchte

Gekochte und pürierte Hülsenfrüchte können problemlos drei bis vier Tage im Kühlschrank aufbewahrt werden.

## Nachhaltigkeitstipp

Nach Möglichkeit sollte darauf verzichtet werden, Hülsenfrüchte in der Dose zu kaufen. Auch wenn sie praktisch erscheinen, verursachen Dosen nicht nur viel Verpackungsmüll, es können möglicherweise Schadstoffe aus dem Dosenmaterial in die Hülsenfrüchte übergehen. Zudem enthält der Sud, in dem die Hülsenfrüchte eingelegt sind, oft viel Natrium, sodass Hülsenfrüchte aus der Dose zum einen gründlich abgespült und danach nochmals so lange gekocht werden sollten, bis sie für den menschlichen Verzehr schon zu weich sind.

Auf den nächsten Seiten werden einige Hülsenfrüchte und die hieraus gewonnen Produkte vorgestellt, die für Hunde eine wertvolle Proteinquelle bieten und somit die Grundlage eines veganen Rationsplans darstellen. Im Kapitel 14 wird genau beschrieben, wie eine vollwertige und bedarfsdeckende Ration für Hunde zusammengestellt wird und im Kapitel 15 sind entsprechende Rezepte zu finden

# Erbsen

Erbsen gibt es in ungefähr 250 verschiedenen Sorten und sie weisen zahlreiche wertvolle Nährstoffe wie Zink, Eisen, Calcium, Magnesium und B-Vitamine auf. Je nach Sorte ist die Zusammensetzung unterschiedlich.

Zuckererbsen, auch Kaiserschoten genannt, sind oft frisch zu haben und zeichnen sich dadurch aus, dass sie sehr früh geerntet und mit der ganzen Schote gefüttert werden. Der Fokus liegt hier auf der Ernte der ganzen Schote, die sehr zart ist und noch sehr kleine, weiche Erbsen beinhaltet. Da sich die Proteine jedoch in den Erbsen selbst und nicht in den Schoten befinden, besteht eine Zuckererbse nur zu einem Drittel aus Erbsen, sodass der gesamte Proteingehalt viel geringer ist und gerade mal bei zwei bis drei Prozent liegt. Deshalb werden Zuckererbsen zum Gemüse gezählt, auch wenn es sich streng genommen um Hülsenfrüchte handelt.

Markerbsen, auch Gartenerbsen oder grüne Erbsen genannt, werden hingegen von der Schote getrennt, die nicht zum Verzehr geeignet ist. Da die reinen Erben gefüttert werden, sind sie im Verhältnis deutlich proteinreicher als Zuckererbsen. Frische Gartenerbsen enthalten einen moderaten Proteingehalt von fünf bis sieben Prozent, sodass sie zwar eine recht gute Proteinquelle darstellen, aufgrund des nicht ganz so hohen Proteingehalts aber besser in Kombination mit anderen Hülsenfrüchten gefüttert werden sollten. Markerbsen werden geerntet, bevor sie vollständig ausgereift sind, weil sie in diesem Zustand noch süß und zart sind. Diese Erbsensorten sind in der Regel im Tiefkühlregal, in der Dose oder im Glas zu finden.

Palerbsen, auch Schälerbsen genannt, sind ebenfalls bereits von ihrer Schote befreit und in der Regel nur in getrockneter Form erhältlich. Hierbei handelt es sich um Erbsen, die zur vollen Reife gebracht, dann geerntet und schließlich getrocknet wurden. Gekochte Palerbsen weisen mit acht bis neun Prozent einen beachtlichen Proteingehalt auf und stellen somit eine sehr gute Proteinquelle dar. Allerdings ist ihre Zubereitung sehr zeitaufwändig.

Die unterschiedlichen Erbsensorten erfordern eine unterschiedliche Zubereitungsweise. Folgende Regeln geben einen groben Anhaltspunkt:

- Zuckererbsen sollten so lange gedünstet werden, bis sie weich sind – in der Regel ist das nach zehn Minuten der Fall.
- Grüne Erbsen aus dem Tiefkühlregal sollten mit etwas Wasser so lange gekocht werden, bis sie sehr weich sind, und danach püriert werden. Die ungefähre Kochzeit beträgt 15 Minuten.
- Grüne Erbsen aus der Dose beziehungsweise aus dem Glas sind bereits vorgekocht, sollten gut abgespült und mit etwas Wasser ungefähr zehn Minuten nochmals gekocht werden, bis sie sehr weich sind, bevor sie püriert werden.
- Getrocknete Erbsen müssen vor dem Kochen erst über Nacht eingeweicht und dann analog zu den allgemeinen Zubereitungshinweisen gekocht werden.

# Bohnen

Bohnen gibt es in ungefähr 700 verschiedenen Sorten, vielen Farben und Größen. Sie weisen zahlreiche wichtige Nährstoffe auf, die sich jedoch je nach Sorte etwas unterscheiden können. Neben Folsäure und Eisen enthalten sie unter anderem auch Magnesium und Phosphor.

Bohnen sind frisch oder im Tiefkühlregal, im getrockneten Zustand sowie in Dosen beziehungsweise Gläsern erhältlich. Jenachdem unterscheiden sich die Zubereitungsarten stark voneinander.

Grüne Bohnen stellen einen Sammelbegriff für verschiedene Bohnensorten dar, die in einem unreifen Zustand geerntet und dadurch mit ihrer Schote verzehrt werden. Hierzu zählen Stangen-, Schnitt-, Brech- und Prinzessbohnen. Wachsbohnen sind eine Variante der grünen Bohnen, unterscheiden sich jedoch in ihrer Farbe. Während grüne Bohnen, wie der Name schon sagt, grün sind, haben Wachsbohnen typischerweise eine gelbe oder manchmal auch lila Farbe. Da die Bohnensamen zum Zeitpunkt der Ernte in der Schote noch nicht vollständig ausgereift sind und die gesamte Schote verfüttert wird, ist der Proteingehalt der grünen Bohnen mit zwei Prozent sehr niedrig. Analog zu den Zuckererbsen werden aufgrund des geringen Proteingehalts auch grüne Bohnen zum Gemüse gezählt, auch wenn es sich um Hülsenfrüchte handelt.

Im getrockneten oder konservierten Zustand gibt es eine große Vielfalt an Bohnen, die reif geerntet und ohne Schote verzehrt werden. Zu den bekannten Sorten zählen Kidney-, Acker- und Limabohnen. Gekochte reife Bohnen stellen mit sieben bis zwölf Prozent eine sehr gute Proteinquelle dar, wobei die Sojabohnen mit 15 bis 17 Prozent teilweise sogar doppelt so viele Proteine liefert als andere Sorten. Unter Pflanzen stellen sie eine der proteinreichsten Quellen dar.

## Edamame

Bei Edamame handelt es sich um junge, unreife Sojabohnen, die mit elf bis 13 Prozent einen etwas geringeren Proteingehalt im Vergleich zu vollständig ausgereiften Sojabohnen aufweisen. Sie sind eine sehr gute Proteinquelle und werden im Gegensatz zu grünen Bohnen nicht zum Gemüse gezählt.

Analog zu Erbsen erfordern die unterschiedlichen Bohnensorten eine unterschiedliche Zubereitungs-

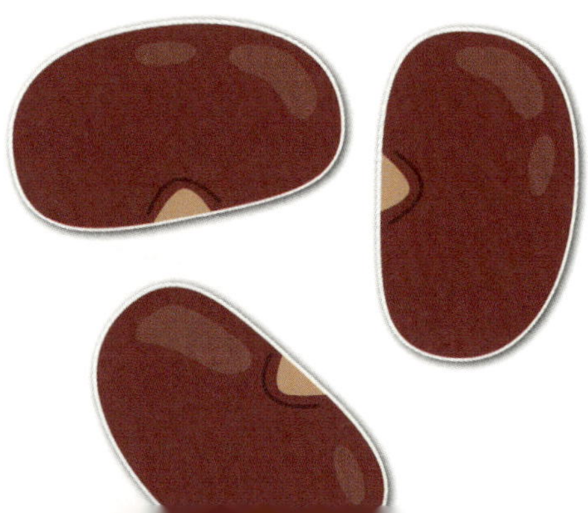

weise, sodass die folgenden Regeln einen groben Richtwert darstellen:

- Grüne Bohnen, ob frisch oder aus dem Tiefkühlregal, sollten so lange gedünstet oder gekocht werden, bis sie weich sind, also ungefähr 15 Minuten. Wenn die vorgekochte Variante aus der Dose oder aus dem Glas gewählt wird, sollten die grünen Bohnen gründlich abgespült und nochmals kurz aufgekocht werden.
- Bohnen aus der Dose oder aus dem Glas, bei denen es sich nicht um grüne Bohnen handelt, müssen gründlich abgespült, weichgekocht und anschließend püriert werden. In der Regel beträgt die Kochzeit 15 Minuten.
- Getrocknete Bohnen müssen vor dem Kochen erst über Nacht eingeweicht und dann analog zu den allgemeinen Zubereitungshinweisen gekocht werden.

## Linsen

Weltweit gibt es 3000 verschieden Sorten an Linsen, die sich in Farbe und Größe unterscheiden. Bekannte Beispiele sind die Beluga- oder Berglinsen sowie die gelben, grünen oder roten Linsen. Sie weisen einen hohen Eisengehalt auf und beinhalten zudem viel Folsäure, Magnesium und Zink. Gekochte Linsen enthalten ungefähr neun bis zehn Prozent Proteine, was sie zu einer sehr guten Proteinquelle macht.

Linsen sind in der Regel im getrockneten Zustand zu kaufen, jedoch gibt es sie auch in Dosen oder im Glas.

Die folgenden Zubereitungshinweise stellen einen groben Richtwert dar:

- Getrocknete Linsen (außer rote und gelbe) müssen vor dem Kochen erst über Nacht eingeweicht und dann analog zu den allgemeinen Zubereitungshinweisen gekocht werden.
- Rote und gelbe Linsen stellen eine Ausnahme dar, da diese Linsensorten bereits geschält wurden und aus diesem Grund weder eingeweicht noch püriert werden müssen. Die Kochzeit ist recht kurz und beträgt in der Regel ungefähr 20 Minuten. Da sie das gesamte Wasser aufsaugen, sollte das Wasser-Linsen-Verhältnis ungefähr 3:1 betragen.
- Linsen aus der Dose oder im Glas wurden bereits gekocht. Sie sollten gründlich abgespült und nochmals in etwas Wasser gekocht werden, bis sie wirklich weich sind. Wenn es sich nicht um rote oder gelbe Linsen handelt, sollten sie zudem püriert werden.

# Kichererbsen

Kichererbsen gibt es in verschiedenen Sorten, die sich in Farbe, Größe und Textur unterscheiden. Die gängigste Sorte hierzulande ist die beigefarbene Kichererbse. Auch wenn es der Name vermuten lässt, sind Kichererbsen nicht mit Erbsen verwandt und enthalten neben viel Eisen diverse B-Vitamine, Magnesium sowie Kupfer. Gekochte Kichererbsen liefern zudem ungefähr neun bis zehn Prozent Proteine und sind unter diesem Aspekt mit den Linsen vergleichbar.

Kichererbsen sind oft in Dosen oder im Glas zu finden, jedoch gibt es sie auch im getrockneten Zustand zu kaufen.

Es empfiehlt sich, Kichererbsen wie folgt zuzubereiten: Kichererbsen in der Dose oder im Glas wurden bereits gekocht, sodass sie nur noch gründlich abgespült und für ungefähr 15 Minuten in etwas Wasser gekocht werden müssen. Danach sollten sie gründlich püriert werden.

Getrocknete Kichererbsen müssen vor dem Kochen erst über Nacht eingeweicht und dann analog zu den allgemeinen Zubereitungshinweisen gekocht werden.

**Hinweis:**
Manche Hunde vertragen Kichererbsen nicht so gut und reagieren mit verstärkten Blähungen. In vielen Fällen hilft es, die Kichererbsen vor dem Püriervorgang zu schälen, was mit den folgenden Schritten recht leicht funktioniert:

- Gekochten Kichererbsen in eine große Schüssel geben und diese großzügig mit Wasser auffüllen.
- Einige Kichererbsen in die Hand nehmen und sie zwischen den Handflächen hin und her rollen, damit sich die Schale löst.
- Die Kichererbsen zurück ins Wasser geben: Die Schale schwimmt an der Oberfläche und die Kichererbsen sinken zu Boden.
- Die Schalen können einfach abgeschöpft werden und somit die Kichererbsen vor der Fütterung ohne Schale püriert werden.

# Süßlupine

Süßlupinen sind eine spezielle Zucht der Lupinen und enthalten im Gegensatz zu ihren Verwandten nur wenig des Bitterstoffs Lupinin. Lupinin ist ein Alkaloid, das als natürliche vorkommende chemische Verbindung in Pflanzen zu finden ist, bitter schmeckt und im Übermaß zu gesundheitlichen Problemen bei Hunden führt. Süßlupinen schmecken dagegen zwar auch nicht besonders süß, zumindest aber nicht bitter. Süßlupinen gelten für Hunde in normalen Mengen nicht als gesundheitsgefährdend und stellen mit einem Proteingehalt von 15 bis 18 Prozent eine sehr wertvolle Proteinquelle dar. Zudem enthalten sie zahlreiche Vitamine und Mineralstoffe wie B-Vitamine, Eisen und Calcium.

Süßlupinen können wie folgt zubereitet werden:

- Aus der Dose oder aus dem Glas müssen Süßlupinen lediglich gut abgespült, nochmals in etwas Wasser gekocht und dann püriert werden. Die Kochzeit beträgt ungefähr 15 Minuten, bis sie sehr weich sind.
- Getrocknete Süßlupinen müssen vor dem Kochen erst über Nacht eingeweicht und dann analog zu den allgemeinen Zubereitungshinweisen gekocht werden.

**Hinweis:**
Süßlupinen gelten im Vergleich zu anderen Hülsenfrüchten als weniger blähend, weil sie weniger Oligosaccharide enthalten und eine allgemein bessere Verdaulichkeit aufweisen. Das macht sie zu einer verträglicheren Variante für empfindliche Hunde.

Reagieren Hunde auf Erdnüsse allergisch, sollte auf Süßlupine verzichtet werden, da es zu einer Kreuzreaktion kommen könnte.

### Nachhaltigkeitstipp

Süßlupinen können sehr gut in Deutschland angebaut werden, was sie zu einer besonders nachhaltigen, pflanzlichen Proteinquelle macht. Außerdem tragen sie zur Auflockerung des Erdbodens bei und verbessern durch ihr Wurzelsystem die Bodenqualität der genutzten Ackerflächen.

## Tofu und Tempeh

Tofu, auch als Sojakäse bekannt, ist ein vielseitiges und nahrhaftes Lebensmittel, das aus Sojabohnen hergestellt wird. Er ist mit ungefähr zwölf bis 13 Prozent eine reichhaltige Proteinquelle, da er neben allen acht essenziellen Aminosäuren verhältnismäßig viel Eisen, Calcium und Phosphor enthält.

Tofu wird durch einen Gerinnungsprozess gewonnen. Dieser Prozess beginnt zunächst mit dem Einweichen, Mahlen und Kochen von Sojabohnen, um zunächst Sojamilch herzustellen. Anschließend wird die Sojamilch erhitzt und mit einem Gerinnungsmittel wie Calciumsulfat, Nigari oder Magnesiumchlorid versetzt, wodurch sich die festen Bestandteile von der Flüssigkeit trennen. Die proteinreiche Substanz Sojaeiweiß wird so von der wässrigen Molke getrennt, gepresst und in Form geschnitten. Da die Herstellung von Tofu Ähnlichkeiten mit der Quark-Herstellung aufweist, wird er manchmal auch als Sojaquark genannt.

Wenn Tofu in der veganen Ration verwendet werden soll, ist die Zubereitung sehr einfach, weil er einfach in kleine Stücke geschnitten, gefüttert oder bei Bedarf in Kokosöl angebraten werden kann. Durch das Anbraten entwickelt der Tofu einen intensiveren Geruch und regt einige Hunde vermehrt zum Fressen an.

## Seidentofu

Der größte Unterschied zwischen festem Tofu und Seidentofu liegt in der Konsistenz: Während Seidentofu sehr weich und cremig ist, und optisch eher Quark ähnelt, lässt sich fester Tofu schneiden. Die weichere Konsistenz des Seidentofus liegt an seinem Wassergehalt von ungefähr 80 Prozent, fester Tofu enthält hingegen nur circa 50 Prozent Wasser. Das liegt an unterschiedlichen Herstellungsprozessen: Seidentofu wird nach dem Erhitzen und Gerinnen der Sojamilch nicht gepresst. Der höhere Wassergehalt führt jedoch dazu, dass der Proteingehalt des Seidentofus bei nur ungefähr vier bis sechs Prozent liegt und damit deutlich geringer ist als beim festen Tofu.

### Achtung

Manchmal ist auch gewürzter Tofu im Handel zu finden. Auch wenn Zwiebeln in der Regel nicht als Gewürz beigemischt werden, empfiehlt sich zur Sicherheit immer ein Blick auf die Zutatenliste, da Zwiebeln für Hunde giftig sind.

## Räuchertofu

Bei Räuchertofu handelt es sich um festen Tofu, der geräuchert und mit einigen Gewürzen versetzt wird. Viele Hunde mögen Räuchertofu aufgrund des intensiven Geschmacks sehr gerne, aufgrund des höheren Salzgehalts sollte er jedoch sparsam eingesetzt werden.,

## Tempeh

Tempeh wird ebenfalls aus Soja hergestellt, ist jedoch nicht mit Tofu vergleichbar, da er vollkommen anders hergestellt wird. Während Tofu aus Sojamilch gewonnen wird, werden für Tempeh ganze Sojabohnen verwendet, was ihm eine körnige und feste Konsistenz verleiht. Mit ungefähr 19 Prozent Proteinen weist Tempeh einen höheren Proteingehalt als Tofu auf, ist leichter verdaulich und kann mit einem deutlich höheren Ballaststoffanteil sowie einer probiotischen Wirkung auf den Darm punkten.

Die probiotische Wirkung erhält Tempeh durch seinen Herstellungsprozess, indem die Sojabohnen gekocht und anschließend mit einem Edelschimmelpilz beimpft werden. In Form gebracht fermentieren die Sojabohnen mehrere Stunden bei 30 Grad, sodass der Edelschimmelpilz ein feines Netz aus weißen Fäden ausbilden kann, der die Sojabohnen fest zusammenhält und dem Tempeh die spezifische Struktur verleiht. Durch den Fermentationsprozess entstehen nicht nur Milchsäurebakterien (Probiotika), sondern werden viele Nährstoffe aufgespalten, was eine leichtere Verdaulichkeit zur Folge hat.

Der Herstellungsprozess von Tempeh ist übrigens mit der Herstellung von Camembert vergleichbar, dessen weiße, weiche Oberfläche und das typische Aroma einem Edelschimmelpilz zu verdanken sind.

**Hinweis:**
Tempeh gibt es nicht nur aus Sojabohnen, sondern in verschiedenen Varianten, unter anderem auch aus Kichererbsen, Bohnen oder Süßlupinen. Sofern sie der Hund mag, können alle Varianten gefüttert werden. Vorsicht ist bei gewürzten Sorten geboten, die einen hohen Salzgehalt oder Zwiebeln als Zusatz haben können.

## Gehen von Soja gesundheitliche Gefahren aus?

Das Thema Soja und damit auch Sojaprodukte wie Tofu und Tempeh werden immer wieder heiß diskutiert. Einige Experten sehen Soja als einen hochwertigen Proteinlieferanten, der durch viele sekundäre Pflanzenstoffe als überaus gesund eingestuft wird, andere als einen Risikofaktor für die Gesundheit. Die Sojabohne unterscheidet sich von anderen Hülsenfrüchten nicht nur, weil sie viel Protein, sondern auch den sekundären Pflanzenstoff Phytoöstrogen enthält. Wie bereits beschrieben, können Phytoöstrogene eine ähnliche Wirkung wie Östrogene aufweisen, die vom Körper produziert werden, sodass durch den Verzehr von Soja Störungen im Hormonhaushalt vermutet werden könnten. Studien zeigten, dass Milchkühe, die phytoöstrogenhaltige Futtermittel bekamen, einen höheren Gehalt an Phytoöstrogenen in ihrer Milch aufwiesen. Allerdings war der Anstieg vergleichsweise sehr gering. Die Gesamtheit der Studienlage sieht dagegen keine Notwendigkeit, auf Soja zu verzichten.[49] Auch wenn Untersuchungen zur umfangreichen Wirkungsweise von Soja noch lange nicht abgeschlossen sind, kommt es in der Humanmedizin doch zu einer positiven Einschätzung hinsichtlich gesundheitlicher Effekte. Diese lässt sich sicherlich auch auf Hunde übertragen, sofern Soja – wie alle anderen Lebensmittel auch – in moderaten Mengen gefüttert wird und der Rationsplan nicht zum Großteil aus Sojaprodukten besteht.

## Zerstört Soja den Regenwald?

Ein häufiger Kritikpunkt am Verzehr von Soja und Sojaprodukten ist die Auswirkung des Anbaus auf den Regenwald. Für die Herstellung von Sojaprodukten wie Tofu, Tempeh oder Sojamilch werden jedoch nur zwei Prozent der weltweiten Sojaernte verwendet, wohingegen der Großteil mit 80 Prozent an unsere sogenannten Nutztiere verfüttert wird. Aus den restlichen 18 Prozent wird Sojaöl hergestellt, das als Pflanzenöl oder auch in der Non-Food-Industrie zum Einsatz kommt.[49]

Eigene Darstellung in Anlehnung an[49]



Es ist korrekt, dass aufgrund des immensen Flächenbedarfs, den die enorme Nachfrage nach Soja erfordert, der Regenwald stark gefährdet ist, jedoch betrifft das in erster Linie importiertes Soja, das an Nutztiere verfüttert wird. Produzenten aus Deutschland, Österreich und der Schweiz legen schon seit langem größten Wert auf einen regionalen Anbau der Sojabohne und geben an, dass mindestens 90 Prozent des Sojas aus Europa und der Rest aus Kanada stammen.[49] Ein ähnliches Bild zeigte eine Untersuchung der Verbraucherzentrale Hamburg aus dem Jahr 2014, die die Herkunft in Sojadrinks untersuchte und kein Hersteller Soja aus Südamerika bezogen hatte.[83]

## Ist Soja gentechnisch verändert?

Die Sojapflanze stellt eine der Pflanzen dar, deren gentechnisch veränderte Varianten am häufigsten verwendet werden. Während bei der Fütterung von Fleisch und weiteren tierischen Produkten nicht sichergestellt werden kann, dass Nutztiere mit gentechnikfreien Lebensmitteln gefüttert werden, ist das Erkennen gentechnisch veränderter pflanzlicher Lebensmittel sehr einfach, weil diese deutlich gekennzeichnet werden müssen.

Da in den Haupterzeugungsländern USA, Brasilien und Argentinien der Anbau genveränderter Sojapflanzen mit 95 bis 98 Prozent Standard ist, sollte von Soja und Sojaprodukten aus diesen Ländern auch aufgrund des langen Transportweges generell abgesehen werden. Hingegen dürfen in Deutschland und der gesamten EU keine gentechnisch veränderten Sojapflanzen angebaut werden. Die Produktion unterliegt den nationalen sowie europäischen Pflanzenschutz- und Düngeverordnungen.[84] In Russland und der Ukraine soll trotz offiziellem Verbot ein illegaler Anbau von gentechnisch verändertem Soja weit verbreitet sein und bis zu 50 Prozent der Ernte ausmachen.[85]

Um wirklich sicherzugehen, dass Sojabohnen und die daraus hergestellten Produkten keinen gentechnischen Veränderungen unterliegen, sollte Tofu aus Deutschland oder den umliegenden Ländern bevorzugt und auf Bioqualität geachtet werden, da hier strengere Auflagen herrschen. Viele Hersteller von Bio-Sojaprodukten beziehen ihre Sojabohnen ohnehin aus Deutschland, Österreich oder Frankreich, sodass hier in der Regel keine Gefahr besteht, unwissentlich genveränderte Sojaprodukte zu füttern.

## Ist auch Seitan eine geeignete Proteinquelle für Hunde?

Im Zusammenhang mit Tofu und Tempeh wird oft auch Seitan als eine sehr gute Proteinquelle genannt. Seitan ist mit einem Proteingehalt von ungefähr 75 Prozent durchaus ein sehr proteinreiches Lebensmittel. Es wird jedoch in der Regel aus Weizenmehl hergestellt und besteht zum Großteil nur aus dem Weizeneiweiß Gluten. Das macht Seitan für Hunde ungeeignet, da mit Gluten – wie bereits beschrieben – ein eventuelles Gesundheitsrisiko ausgeht, das vermieden werden sollte. Aus diesem Grund ist Seitan für Hunde nicht zu empfehlen.

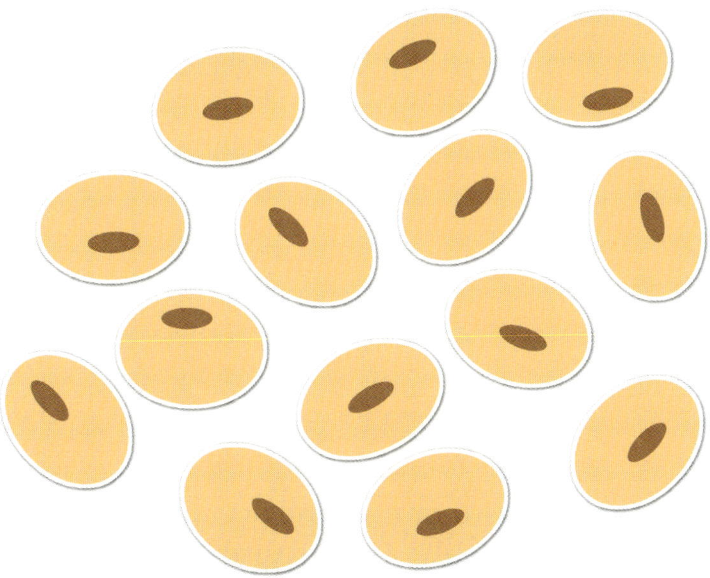

# 11.

# Öle in der veganen Hundeernährung

Öle sind wesentliche Bestandteile in der veganen Hundeernährung, wohingegen Fette vorrangig tierischen Ursprungs sind und in der veganen Fütterung keine Rolle spielen, mit Ausnahme des Kokosfettes. Da sie im Vergleich zu Proteinen und Kohlenhydraten mehr als doppelt so viele Kalorien pro Gramm aufweisen, macht sie diese hohe Energiedichte zu einer effizienten Quelle für die Energieversorgung von Hunden. Zudem dienen sie als Geschmacksträger und können dazu verwendet werden, das Futter geschmacklich aufzuwerten und dadurch die Akzeptanz zu verbessern. Darüber hinaus sind Öle für die Gesunderhaltung des Körpers unabdingbar und erfüllen eine Vielzahl wichtiger Aufgaben:

- Sie verbessern die Aufnahme der fettlöslichen Vitamine A, D, E und K, die für viele verschiedene physiologische Funktionen im Körper verantwortlich sind, wie den Erhalt der Sehkraft, Knochengesundheit und Immunfunktion.
- Sie sind an der Bildung von Hormonen wie Östrogen und Testosteron beteiligt und werden für eine gute Hirnleistung benötigt.
- Außerdem sind sie wichtig für die Zellmembran und an vielen Stoffwechselprozessen im Körper beteiligt.

Fette und Öle bestehen aus Glycerin und mehreren Fettsäuren, wobei sich die Fettsäuren wiederum aus Kohlenstoffatomen zusammensetzen. Je nachdem, ob die einzelnen Kohlenstoffatome innerhalb des Moleküls Doppelbindungen eingehen oder nicht, wird von gesättigten oder ungesättigten Fettsäuren gesprochen. Wenn keine Doppelbindungen bestehen, ist die Fettsäure gesättigt, bestehen eine oder mehrere Doppelbindungen, wird hingegen von ungesättigten Fettsäuren gesprochen.

### Gesättigte Fettsäuren:

Diese Fettsäuren liefern vor allem Energie und sind in allen Nahrungsfetten enthalten, wobei tierische Fette wie Butter und Schmalz mehr gesättigte Fettsäuren aufweisen als pflanzliche Öle. Eine Ausnahme stellt das pflanzliche Kokosfett dar, das höhere Mengen an ungesättigten Fettsäuren enthält.

Im Gegensatz zu Ölen weisen Fette generell eine feste Konsistenz bei Raumtemperatur auf. Zwar benötigt ein Hund gesättigte Fettsäuren, jedoch wird ein Übermaß als Fettdepot im Körper eingelagert und kann zu zahlreichen gesundheitlichen Problemen führen.

Kokosfett weist eine Besonderheit auf. Trotz des hohen Anteils an gesättigten Fettsäuren bringt es viele gesundheitliche Vorteile mit sich und kann in kleinen Mengen einen veganen Rationsplan durchaus bereichern. Es ist leicht verdaulich und wirkt gegen Viren, Bakterien und Darmpilzinfektionen.

## Nachhaltigkeitstipp

Da der Anbau von Kokos bislang keinen strengen Kontrollen unterliegt und größtenteils von Kleinbauern betrieben wird, sollte darauf geachtet werden, Kokosfett von Herstellern zu kaufen, die nicht nur auf Bio-Qualität setzen, sondern auch auf eine faire Bezahlung der Kleinbauern achten.

### Ungesättigte Fettsäuren:

Diese Fettsäuren kommen in hoher Anzahl in pflanzlichen Ölen vor, sodass die Öle bei Raumtemperatur eine flüssige Konsistenz aufweisen. Die enthaltenen Fettsäuren unterschieden sich in einfach und mehrfach gesättigten Fettsäuren:

Einfach ungesättigte Fettsäuren werden auch als Omega-9-Fettsäuren bezeichnet und kommen reichlich in Oliven- und Rapsöl vor. Sie sind nicht essenziell, da sie der Körper des Hundes aus gesättigten Fettsäuren, die er nicht zur Energiegewinnung benötigt, selbst herstellen kann. Sie sollen sich unter anderem positiv auf das Herz-Kreislauf-System auswirken und den Cholesterinspiegel regulieren, sodass sie zwar unterstützend gefüttert werden können, notwendig sind sie aber nicht.

Mehrfach ungesättigte Fettsäuren erfüllen dagegen viele wichtige Funktionen. Da einige vom Körper nicht selbst gebildet werden können, müssen sie zwingend über die Nahrung zugeführt werden. Hierzu zählen die Linolsäure (eine Omega-6-Fettsäure), die reichlich in Walnussöl vorkommt, und die Alpha-Linolensäure (eine Omega-3-Fettsäure), die sich etwa in Leinöl findet. Anzumerken ist, dass die Alpha-Linolensäure für dem Hund nach aktuellem Wissensstand nicht notwendigerweise zuzuführen ist, es wird jedoch empfohlen.[10] Eine vegane Fütterung ist im Allgemeinen deutlich fettärmer als eine fleischbasierte. Zubereitete Kohlenhydrat- und Proteinquellen sowie Gemüse und Obst sind generell recht fettarm. Den benötigten Fettanteil in der Ration erhalten vegan ernährte Hunde über die pflanzlichen Öle sowie Nüsse, Kerne und Samen. Da vor allem die mehrfach ungesättigten Fettsäuren eine wichtige Rolle für die Gesundheit des Hundes spielen, werden sie nachfolgend näher betrachtet.

### Allgemeine Fütterungshinweise:

- Es empfiehlt sich bei großen Hunden, täglich eine Kombination aus zwei verschiedenen Ölen zu füttern wovon eines eine gute Omega-6- und das andere eine gute Omega-3-Quelle sein sollte. Da kleine und mittelgroße Hunde eine deutlich geringere Ölmenge benötigen, bietet es sich an, die Ölsorten im täglichen Wechsel zu verabreichen.
- Die Öl-Sorten sollten gelegentlich gewechselt werden, da jedes Öl eine andere Zusammensetzung hat und der Hund davon profitiert.
- Es sollten nicht nur Öle mit dem besten Omega-6- zu Omega-3-Verhältnis gefüttert werden, weil bei einem regelmäßigen Wechsel und der Kombination von Ölen das empfohlene Verhältnis in der Regel gut eingehalten werden kann.
- Auch wenn der Hund auf keine externe Zufuhr von einfach ungesättigten Fettsäuren angewiesen ist, kann er dennoch ab und zu Öle, die reich an Omega-9-Fettsäuren sind, bekommen, wie zum Beispiel Olivenöl.
- Auch wenn die gesättigten Fettsäuren primär der Energieversorgung dienen, ist eine Fütterung von Fetten, die zum Großteil aus diesen Fettsäuren bestehen, unproblematisch und kann in einigen Fällen auch von Vorteil sein, wie beispielsweise Kokosfett.

**Hinweis:**
Viele Nüsse, Kerne und Samen, aus denen die Öle gewonnen werden, versorgen die Hunde ebenfalls mit wertvollen essenziellen Fettsäuren. Da sie jedoch unverarbeitet einen geringeren Fettanteil haben als die daraus gewonnenen Öle, werden sie an dieser Stelle nicht aufgeführt, sondern im Kapitel „Nahrungsergänzungen und Toppings“ besprochen.

## Omega-6-Quellen

Eine der Omega-6-Fettsäuren ist für Hunde essenziell, kann aber im Gegensatz zu allen anderen nicht vom Organismus gebildet werden und muss deshalb zugefüttert werden: die Linolsäure. Omega-6-Fettsäuren sind nicht nur Bestandteile der Zellmembran, sondern auch für die Wundheilung und Infektionsabwehr notwendig, indem sie Reparaturprozesse im Körper positiv beeinflussen und die Bekämpfung von Krankheitserregern unterstützen. Sie erfüllen somit im Körper des Hundes viele wichtige Funktionen und ein Mangel kann sich durch Hauterkrankungen, Fruchtbarkeits- oder Blutgerinnungsstörungen bemerkbar machen. Von einer übermäßigen Versorgung mit Omega-6-Fettsäuren sollte abgesehen werden, da sich eine zu hohe Aufnahme negativ auf die Gesundheit des Hundes auswirkt. Es kann vermehrt zu stillen Entzündungen im Körper kommen, die eine Ursache zahlreicher Erkrankungen wie Diabetes mellitus, Allergien oder Krebs sein können.

Weil Omega-6-Fettsäuren die natürlichen Gegenspieler der Omega-3-Fettsäuren sind, ist ein ausgeglichenes Verhältnis beider für die Gesundheit des Hundes unabdingbar. Aus diesem Grund wäre es nicht sinnvoll, ein sehr Omega-6-reiches Öl wie Sonnenblumenöl zu wählen, da der Anteil an Omega-6-Fettsäuren im Verhältnis zum Anteil an Omega-3-Fettsäuren deutlich zu hoch ist.

Ein optimales Verhältnis von Omega-6- zu Omega-3-Fettsäuren liegt bei Hunden ungefähr bei 3-5:1.

Gute Omega-6-reiche Öle sind:

- Sojaöl (mit einem Verhältnis von 7:1)
- Weizenkeimöl (mit einem Verhältnis von 7:1)
- Walnussöl (mit einem Verhältnis von 4:1)
- Hanföl (mit einem Verhältnis von 3:1)

**Hinweis:**
Das Hanföl zeichnet sich durch ein optimales Omega-6- zu Omega-3-Verhältnis aus. Da Öle jedoch noch viele weitere wertvolle Inhaltsstoffe aufweisen, sollten sie zum einen variiert und zum anderen auch miteinander kombiniert werden. Es sollte nicht ausschließlich ein Öl verfüttert werden, nur weil es das beste Fettsäuren-Verhältnis aufweist.

Folgende Öle weisen zwar einen hohen Anteil von Omega-6-Fettsäuren auf, sollten aber aufgrund ihres schlechten Verhältnisses zu den Omega-3- Fettsäuren nicht oder nur selten beziehungsweise in kleineren Mengen eingesetzte werden:

- Distelöl (mit einem Verhältnis von 500:1)
- Sonnenblumenöl (mit einem Verhältnis von 311:1)
- Traubenkernöl (mit einem Verhältnis von 132:1)
- Kürbiskernöl (mit einem Verhältnis von 98:1)

Generell sind diese Öle nicht schlecht. So wirkt beispielsweise Sonnenblumenöl durch einen hohen Gehalt an Vitamin E antioxidativ und Kürbiskernöl wird unter anderem eine präventive Wirkung vor Wurmbefall nachgesagt. In kleinen Mengen können daher Öle, die ein schlechtes Verhältnis von Omega-6- zu Omega-3-Fettsäuren aufweisen, dennoch sehr positive Wirkungen auf die Gesundheit haben.

# Omega-3-Quellen

Auch von den Omega-3-Fettsäuren gibt es eine, die der Organismus nicht selbst bilden kann: die Alpha-Linolensäure. Da diese Fettsäure die Grundlage für die körpereigene Herstellung der weiteren Omega-3-Fettsäuren darstellt, ist die Sicherstellung einer ausreichenden Aufnahme durch das Hundefutter essenziell. Den Omega-3-Fettsäuren werden sehr positive Eigenschaften zugeschrieben. Aufgrund entzündungshemmender Effekte stärken sie das Immunsystem und reduzieren Allergien. Außerdem wirken sie sich positiv auf die Herzgesundheit aus und aktivieren die Selbstheilungsprozesse im Körper. Anders als bei den Omega-6-Fettsäuren wirkt sich eine übermäßige Aufnahme nicht negativ auf die Gesundheit aus, ein Mangel dagegen schon. Hier treten ähnliche Symptome wie bei einem Omega-6-Mangel auf, etwa Hautprobleme oder Wundheilungsstörungen.

Um ein Omega-6- zu Omega-3-Verhältnis von ungefähr 3-5:1 zu erreichen, eignen sich folgende Öle besonders gut.

Gute Omega-3-reiche Öle sind beispielsweise:

- Leinöl (mit einem Verhältnis von 1:4)
- Chiaöl (mit einem Verhältnis von 1:3)
- Algenöl (enthält besonders viel EPA und DHA) Algenöl wird aus sogenannten Mikroalgen hergestellt, die eine große Menge der beiden Omega-3-Fettsäuren Docosahexaensäure (DHA) und Eicosapentaensäure (EPA) enthalten. Grundsätzlich können Hunde beide Omega-3-Fettsäuren auch aus Alpha-Linolensäure synthetisieren. Hierfür dürfen aber nicht zu viele Omega-6-Fettsäuren vorhanden sind. Denn während des körpereigenen Umwandlungsprozesses von Alpha-Linolensäure in EPA und DHA konkurrieren die Omega-3- mit den Omega-6-Fettsäuren um die gleichen Enzyme, sodass ein ungünstiges Verhältnis der Fettsäuren die Synthese negativ beeinflussen kann. Mit der Verfütterung von Algenöl kommt es gar nicht zum Umwandlungsprozess, weil die beiden Fettsäuren EPA und DHA bereits vorhanden sind.[49]

## Algenöl vs. Fischöl

Oft wird Fisch beziehungsweise Fischöl als wichtigste Quelle für die Omega-3-Fettsäuren EPA und DHA genannt und als Ergänzung empfohlen. EPA und DHA kommen in fettreichen Kaltwasserfischen vor, in großer Zahl im Lachs. Um zu verstehen, warum gerade Fischöl so viele dieser Fettsäuren beinhaltet, sollte die Ernährung dieser Fische betrachtet werden.

Am Anfang der Nahrungskette stehen die Mikroalgen, die ein hohes Maß an EPA und DHA enthalten und die primären Produzenten dieser Fettsäuren sind. Sie werden von Zooplankton (Primäre Konsumenten von EPA und DHA) gefressen, und diese wiederum von kleineren Fischen (Sekundäre Konsumenten von EPA und DHA), die auf diese Weise das EPA und DHA aus dem Zooplankton in ihren Körpern anreichern. Am Ende der Nahrungskette stehen die Lachse (Tertiäre Konsumenten), die letztendlich ein großes Maß dieser Fettsäuren in ihrem Gewebe akkumulieren, weshalb das aus ihnen gewonnene Öl sehr reich an EPA und DHA ist.

Da Fische jedoch nicht nur Fettsäuren anreichern, sondern auch viele Schwermetalle und Dioxine aufnehmen, stellen sie allgemein keine gesunde und nachhaltige Quelle für EPA und DHA dar.

Um Hunde mit diesen wertvollen Fettsäuren zu versorgen und ihre Gesundheit bestmöglich zu unterstützen, empfiehlt sich eher, eine Ergänzung mit Algenöl, das in kleinen Flaschen oder Kapseln erhältlich ist. Je nach Körpergewicht des Hundes reichen in der Regel ein bis drei Pipetten oder Kapseln aus, um eine gute Ergänzung zu anderen Ölen darzustellen.

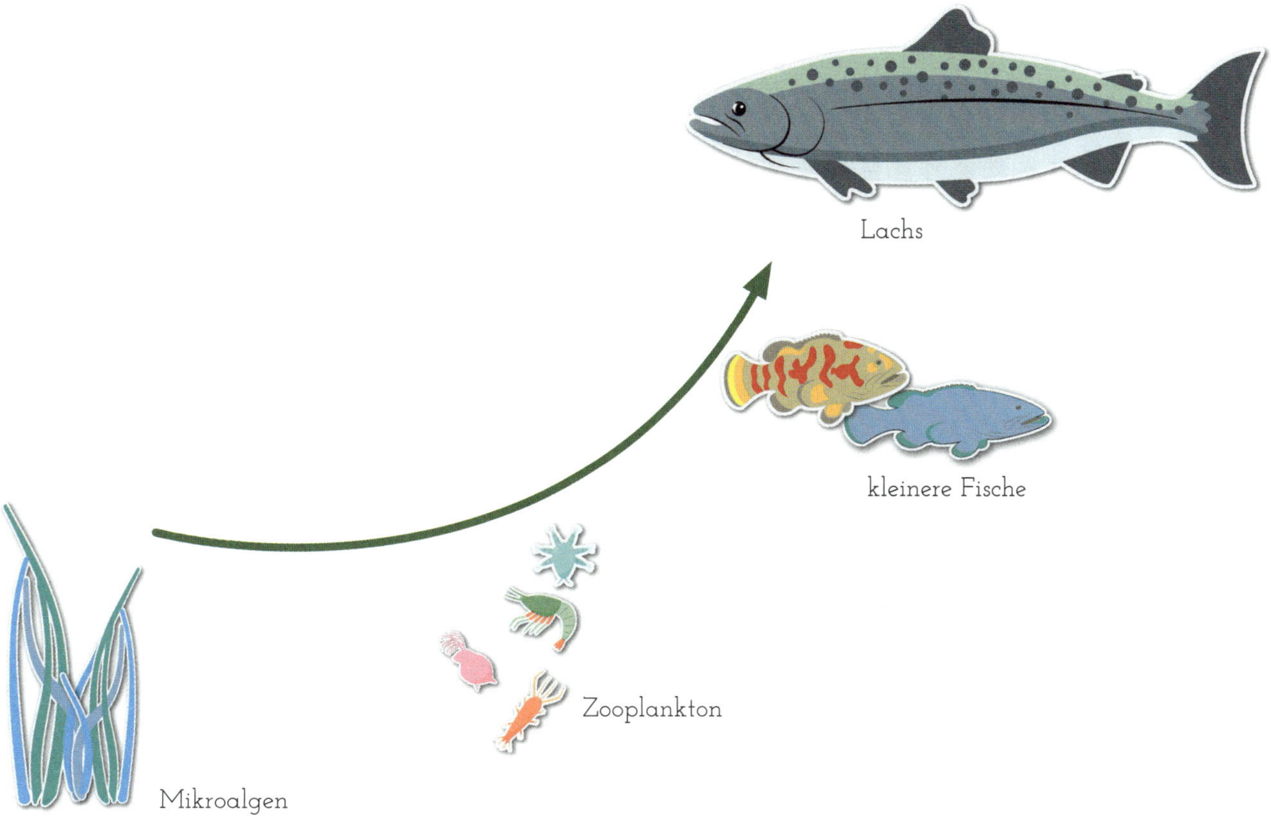


Anreicherung der Omega-3-Fettsäuren EPA und DHA innerhalb der Nahrungskette, in Anlehnung an[49]

# 12.

# Gemüse und Obst in der veganen Hundeernährung

Gemüse und Obst liefern nicht nur viele Vitamine und Mineralstoffe, sondern sind auch reich an Ballaststoffen sowie sekundären Pflanzenstoffen. All das wirkt sich positiv auf die Gesundheit von Hunden aus. Durch die große Vielfalt an verschiedenen Gemüse- und Obstsorten kann die vegane Ration sehr abwechslungsreich gestaltet und Hunden eine breite Geschmackspalette angeboten werden.

Durch den hohen Ballaststoffgehalt und die vergleichsweise geringe Kalorienanzahl trägt vor allem Gemüse zu einem guten Sättigungsgefühl bei, ohne eine zu große Energiedichte zu liefern. Dadurch kann das Gewicht der Hunde gehalten beziehungsw.eise auch optimal reduziert werden.

**Hinweis:**
Aufgrund des hohen Zuckergehalts im Obst sollte der Gemüseanteil deutlich überwiegen. Da nicht jeder Hund Obst gut verträgt und mit Sodbrennen auf Fruchtsäure reagieren könnte, kann Obst auch ganz aus dem Rationsplan gestrichen werden. Bei Erkrankungen, Allergien oder Unverträglichkeiten sind nicht alle Gemüse- und Obstsorten geeignet sind, sodass immer eine individuelle Betrachtung des Gesundheitszustandes des jeweiligen Hundes erfolgen sollte. Bananen sind nicht immer vegan, weil sie oft mit Chitosan behandelt werden, einem Insektizid, das aus dem Panzer von Garnelen gewonnen wird. Um das Problem zu umgehen, sollte auf einen biologischen Anbau gesetzt werden, der den Einsatz von Insektiziden verbietet.

## Allgemeine Zubereitungshinweise

Damit Hunde die Nährstoffe aus Gemüse und Obst optimal verwerten können, ist es ratsam, sie schonend zu erhitzen. Um möglichst viele Vitamine, Mineralstoffe und sekundäre Pflanzenstoffe zu erhalten, eignet sich das Dampfgaren am besten. Dabei sollte Gemüse und Obst nicht zu lange im Topf bleiben, damit es nicht zerkocht. Alternativ kann manches Gemüse und Obst auch geraspelt oder im Mixer püriert werden, was das Kochen beziehungsweise Dünsten erspart.

Allgemein gilt: Was für den menschlichen Verzehr gekocht und geschält werden sollte, sollte auch der Hund in gekochtem und geschältem Zustand bekommen. Gemüse und Obst, das der Mensch problemlos roh essen kann, darf auch der Hund roh bekommen, am besten geraspelt beziehungsweise püriert.

Auch Trester, der bei einer Saftherstellung übrigbleibt, kann Hunden problemlos gegeben werden. Hierbei handelt es sich um Pflanzenfasern, die in komprimierter Form eine tolle Ballaststoffquelle darstellen.

**Hinweis:**
Manche Hunde mögen kein Gemüse, da ihnen die Konsistenz oder der Geschmack nicht zusagen. In diesen Fällen hilft es, wenn das Gemüse nach dem Dünsten oder Kochen püriert wird, damit es besser unter das restliche Futter gemischt werden kann. Somit kann vermieden werden, dass der Hund es aussortiert.

## Nachhaltigkeitstipp

Es empfiehlt sich, Gemüse und Obst nach Möglichkeit in Bioqualität zu wählen, um die Schadstoffbelastung für den Körper des Hundes gering zu halten. Zudem wirkt sich ein regionaler und saisonaler Anbau positiv auf den Nährstoffgehalt und die Frische der Lebensmittel aus.

## Dirty Dozen und Clean Fifteen

Die Begriffe Dirty Dozen (Dreckiges Dutzend) und Clean Fifteen (saubere Fünfzehn) wurden von der amerikanischen Non-Profit-Organisation Environmental Working Group (EWG) ins Leben gerufen, die jährlich Lebensmittel auf ihre Pestizidrückstände hin untersucht. Auch wenn sich die Ergebnisse auf den amerikanischen Markt beziehen, sind sie dennoch größtenteils auf Produkte übertragbar, die in Deutschland erhältlich sind.

### Dirty Dozen-Liste

Diese Liste gibt Aufschluss über die die zwölf Gemüse- und Obstsorten, die am stärksten mit Pestiziden belastet sind, sodass bei diesen der Kauf von Bioqualität angeraten ist. Seit dem Jahr 2022 stehen folgende Lebensmittel auf der Liste[86]:

- Erdbeeren
- Spinat
- Grünkohl
- Pfirsiche
- Birnen
- Nektarinen
- Äpfel
- Paprika
- Kirschen
- Blaubeeren
- Grüne Bohnen

### Clean Fifteen-Liste

Zudem wurden im Jahr 2022 fünfzehn Lebensmittel ermittelt, die als besonders pestizidarm gelten, sodass bei ihnen nicht zwingend auf Bioqualität geachtet werden muss[87]:

- Mais
- Ananas
- Papaya
- gefrorene Zuckererbsen
- Spargel
- Honigmelone
- Kiwi
- Kohl
- Mangos
- Süßkartoffeln
- Wassermelone
- Karotten

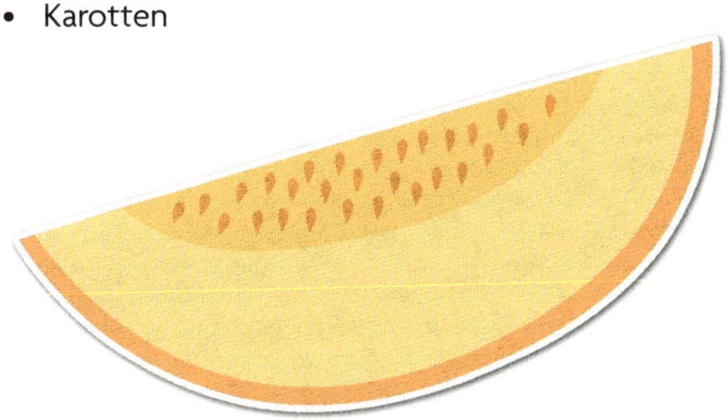

# Verbotene Gemüse- und Obstsorten

Sofern der Hund Gemüse und Obst mag und gut verträgt, können ihm fast alle Gemüse- und Obstsorten gefüttert werden, die auch für den menschlichen Verzehr geeignet sind, mit wenigen Ausnahmen:

## Weintrauben und Rosinen

Warum Weintrauben und Rosinen Vergiftungserscheinungen und im schlimmsten Fall den Tod bei Hunden hervorrufen können, ist nicht vollends geklärt. Neuste Erkenntnisse vermuten als Grund die Weinsäure, die sich in den Früchten befindet. Allerdings variiert der Gehalt an Weinsäure in den Weintrauben sehr stark und ist von Sorte und Reifegrad abhängig. Auch scheinen Hunde sehr unterschiedliche Toleranzbereiche zu haben, sodass nicht jeder Hund gleich stark auf den Verzehr von Weintrauben und Rosinen reagiert.[88] Es wird angenommen, dass Hunde ab zehn bis 30 Gramm Weintrauben oder ungefähr drei Gramm Rosinen pro Kilogramm Körpergewicht bereits mit Erbrechen und Lethargie bis hin zu einem tödlichem Nierenversagen reagieren können, weshalb konsequent auf die Gabe von Weintrauben und Rosinen verzichtet werden sollte.[89]

## Avocados

Avocados können aufgrund des Inhaltsstoffs Persin bei Hunden den Herzmuskel schädigen.[10] Allerdings ist Persin nicht in allen Sorten vorhanden, sodass Avocados nicht per se giftig sind. Da es jedoch schwierig ist, die jeweiligen Avocadosorten voneinander zu unterscheiden, sollte sicherheitshalber generell auf die Fütterung von Avocados verzichtet werden.

## Zwiebelgewächse

Für Hunde sind alle Zwiebelgewächse wie Zwiebeln, Porree, Lauch, Schnittlauch, Bärlauch und Knoblauch ab einer gewissen Dosis giftig. Anzunehmen ist, dass Zwiebelgewächse aufgrund der enthaltenen schwefelhaltigen Aminosäure Allicin giftig sind, die das Hämoglobin in den roten Blutkörperchen zerstört und somit Blutanämie verursachen kann.

Von einer übermäßigen Fütterung kann ausgegangen werden, wenn mehr als fünf Gramm Zwiebelgewächs pro Kilogramm Körpergewicht gefüttert werden, wobei darauf hinzuweisen ist, dass jeder Hund eine individuelle Toleranzgrenze aufweist.[10]

Aus diesem Grund sollte auf die Fütterung von Zwiebelgewächsen bei Hunden gänzlich verzichtet werden, wobei Knoblauch eine Sonderstellung einnimmt und sich in kleinen Mengen positiv auf die Gesundheit auswirken kann. Er kann positiv auf Herz-Kreislaufsystem sowie Blutgefäße wirken und bei der Parasitenabwehr helfen. Aus Sicherheitsgründen sollte die Dosierung von Knoblauch jedoch deutlich unter der vermuteten Höchstgrenze von fünf Gramm Knoblauch pro Kilogramm Körpergewicht liegen oder gänzlich auf Knoblauch verzichtet werden.

# Eingeschränkt geeignete Gemüse- und Obstsorten

Während Weintrauben, Rosinen, Avocados und Zwiebelgewächse konsequent aus dem veganen Rationsplan von Hunden gestrichen werden sollten, gibt es einige durchaus inhaltlich wertvolle Gemüse- und Obstsorten, die allerdings einer besonderen Zubereitung bedürfen.

Folgende Gemüsesorten sind unter bestimmten Voraussetzungen für Hunde geeignet:

## Tomaten

Bei Tomaten handelt es sich um Nachtschattengewächse, die in roher Form für Hunde mit Vorsicht zu genießen sind, da sie viel Solanin enthalten können. Gerade unreife Tomaten und ihre grünen Stellen enthalten sehr viel dieses sekundären Pflanzenstoffs, der die Pflanze zwar vor Fraßfeinden dient, bei Hunden allerdings zu Erbrechen und Magen-Darm-Problemen führen kann. Während der Solanin-Gehalt bei unreifen Tomaten und an grünen Stellen noch sehr hoch ist, nimmt er mit zunehmendem Reifegrad stark ab, sodass sehr reife Tomaten keine Gefahr mehr für Hunde darstellen. Für eine bessere Verdaulichkeit sollten Tomaten jedoch nur im gekochten Zustand an Hunde verfüttert werden.

**Hinweis:**
Auch Tomaten aus der Dose beziehungsweise aus dem Glas sowie Tomatenmark können in moderaten Mengen den veganen Rationsplan wertvoll ergänzen. Verarbeitete Tomatenprodukte enthalten hohe Mengen des roten Tomatenfarbstoffs Lycopin, der als starkes Antioxidans gilt. Während des Verarbeitungsprozesses werden die Tomaten erhitzt, dadurch die Zellwände aufgebrochen und das Lycopin freigesetzt. So können Hunde das sogenannte Tomaten-Vitamin viel besser aufnehmen und verwerten. Weil Tomatenmark sehr konzentriert ist, hat es den höchsten Lycopin-Gehalt, wobei der ebenfalls hohe Zuckergehalt nicht unbeachtet bleiben darf. Daher sollten Hunde es nur kleinen Mengen bekommen. Durch seinen recht intensiven Geruch und Geschmack kann Tomatenmark auch zu einer größeren Akzeptanz des Futters führen.

## Auberginen

Auch Auberginen enthalten in einem grünen, noch unreifen Zustand viel Solanin, was jedoch mit zunehmendem Reifegrad abnimmt. Wenn Auberginen eine dunkelviolette Farbe angenommen haben, geht von ihnen hinsichtlich des Solanin-Gehalts keine Gefahr mehr für Hunde aus. Für eine gute Verdaulichkeit müssen sie gekocht werden. Weil sie nicht jeder Hund mag und gut verträgt, sollten sie nur in kleinen Mengen den Rationsplan ergänzen.

## Paprika

Rote Paprika enthalten nicht mehr viel Solanin, da es größtenteils weg gezüchtet wurde, grüne Paprika weisen dagegen einen hohen Solanin-Gehalt auf. Paprika sollte für Hunde für eine bessere Verdauung und eine Verringerung des Solanin-Gehalts immer gekocht werden. Nicht jeder Hund verträgt Paprika gut, sodass sie nur in kleinen Mengen gefüttert werden sollten. Auf grüne Paprika wird sicherheitshalber ganz verzichtet.

## Pilze

Prinzipiell können Hunde handelsübliche Pilze wie Champignons im gekochten Zustand fressen. Jedoch sind Pilze im Allgemeinen schwer verdaulich und nicht jeder Hund verträgt sie gut, sodass sie nur in kleinen Mengen gegeben oder sicherheitshalber lieber weggelassen werden sollten.

## Grüne Bohnen und Zuckererbsen

Grüne Bohnen und Zuckererbsen zählen eigentlich zu den Hülsenfrüchten, werden jedoch aufgrund ihres verhältnismäßig geringen Proteingehalts in der veganen Hundeernährung zum Gemüse gezählt. Wie alle anderen Hülsenfrüchte auch dürfen grüne Bohnen nicht im rohen Zustand verfüttert werden, weil sie den Wirkstoff Phasin enthalten, der für Hunde giftig ist. Im gekochten Zustand sind sie hingegen sehr gesund, sofern sie gut vertragen werden.

Zuckererbsen enthalten hingegen kein Phasin, sollten Hunden aber aufgrund einer besseren Verdaulichkeit dennoch nur gekocht oder gedünstet verabreicht werden.

## Zitrusfrüchte

Zitrusfrüchte sind nicht giftig für Hunde, sollten jedoch aufgrund ihres hohen Säuregehalts nicht oder nur in Maßen gefüttert werden, da sie möglicherweise Sodbrennen oder Verdauungsprobleme verursachen könnten. Die Schale der Zitrusfrüchte kommt gar nicht in den Napf.

## Kohlgemüse

Kohlgemüse ist für Hunde sehr gesund und kann im gekochten Zustand einen veganen Rationsplan bereichern. Jedoch verträgt nicht jeder Hund alle Sorten gut, sodass individuell zunächst mit einer kleinen Menge getestet werden sollte, ob er mit Blähungen oder Bauchschmerzen reagiert. Sofern er es gut verträgt, ist das Füttern größerer Mengen unproblematisch. Zum Kohlgemüse zählen unter anderem:

- Weißkohl
- Rotkohl
- Blumenkohl
- Rosenkohl
- Chinakohl
- Grünkohl
- Wirsing
- Brokkoli
- Kohlrabi

### Kernobst und Steinobst

Abgesehen vom Zuckergehalt ist Obst generell sehr gesund und gut für Hunde geeignet. Vorsicht ist jedoch bei Kernen und Steinen geboten, die viele Obstsorten enthalten, wie Äpfel, Birnen, Kirschen oder Nektarinen. Wenn sie vom Hund zerbissen werden, wird Amygdalin freigesetzt, das im Verdauungstrakt in Blausäure umgewandelt wird und Atemprobleme, Erbrechen oder neurologische Störungen hervorrufen kann. Werden größere Steine als Ganzes verschluckt, kann zudem die Gefahr eines Darmverschlusses entstehen. Aus diesen Gründen sollten jegliche Kerngehäuse und Steine vor dem Füttern entfernt werden.

## Geeignete Gemüse- und Obstsorten

Viele Gemüse- und Obstsorten sind für Hunde in der Regel gut geeignet. Die Voraussetzung ist jedoch, dass der Hund sie mag und gut verträgt. Es gibt durchaus Hunde, die sehr wählerisch sind und einige Gemüse- und Obstsorten ablehnen. Dies sollte akzeptiert und auf andere Alternativen ausgewichen werden.

Folgende Gemüse- und Obstsorten dürfen Hunde bekommen, wobei die Liste nur Beispiele darstellt und nicht abschließend ist:

### Gemüse

- Karotte
- Stangensellerie
- Knollensellerie
- Schwarzwurzel
- Salat
- Chicorée
- Rote Bete
- Spinat
- Kürbis
- Fenchel
- Zucchini
- Pastinake
- Topinambur
- Gurke

### Obst

- Apfel
- Birne
- Banane
- Pflaume
- Pfirsich
- Nektarine
- Aprikose
- Himbeeren
- Blaubeeren
- Brombeeren
- Johannisbeeren
- Kirsche
- Melone
- Mango
- Papaya
- Ananas
- Kiwi
- Feige
- Kaki

# 13.

# Nahrungsergänzungen und Toppings in der veganen Hundeernährung

Um vegane Rationen aufzuwerten, stehen eine Reihe Nahrungsergänzungsmittel und Toppings zur Verfügung, die unterschiedlich eingesetzt werden und sich in ihrer Wirkung stark unterscheiden können. Aufgrund der großen Vielzahl an Nahrungsergänzungen und Toppings wird an dieser Stelle nur eine kleine Auswahl vorgestellt. Um Hunde optimal und gesund zu füttern, empfiehlt sich eine professionelle Ernährungsberatung, in der eine individuelle Zusammenstellung der Nahrungsergänzungen und Toppings erfolgt.

## Nahrungsergänzungen

Wie für ausgewogenen BARF-Rationen werden auch für eine vegane Hundefütterung Nahrungsergänzungen benötigt. Während Fertigfutter, unabhängig davon, ob es vegan oder fleischlastig ist, bereits mit zahlreichen Vitaminen, Mineralstoffen und Spurenelementen ergänzt ist, muss in selbst zubereiteten Rationen eine Ergänzung separat erfolgen. Da sich Barfen und eine vegane Ernährung stark in ihrer Nährstoffzusammensetzung unterscheiden, bestehen auch in den zu ergänzenden Stoffen große Unterschiede. Nutztiere erhalten grundsätzlich über das Futter bereits viele Ergänzungsmittel, weshalb tierische Produkte bereits einen gewissen Nährstoffgehalt aufweisen. Daher müssen im Vergleich zu veganen Lebensmitteln weniger Ergänzungsmittel zugefüttert werden. Auch lassen sich alle benötigten essenziellen Aminosäuren problemlos über eine BARF-Fütterung abdecken, weil tierische Produkte im Allgemeinen eine vollständige Aminosäurezusammensetzung aufweisen. In der veganen Fütterung besteht dagegen häufig ein Defizit an einigen essenziellen Aminosäuren, deren Ergänzung immer erfolgen musst.

Da vegane Rationen sehr vielfältig zusammengestellt werden können, kann die Nährstoffabdeckung des Hundes je nach gewählten Lebensmitteln etwas variieren. Aus diesem Grund empfiehlt es sich, die Rationen abwechslungsreich zu gestalten, damit der Hund auf natürliche Weise von verschiedenen Nährstoffen profitiert. Im Allgemeinen zählen zu den typischen Nahrungsergänzungen in der veganen Fütterung folgende Vitamine, Mineralstoffe und essenzielle Aminosäuren:

- Vitamine: Vitamin A, Vitamin D, und B-Vitamine (davon vor allem B2, B5, B12 und Biotin) sowie manchmal auch Vitamin E
- Mineralstoffe (inklusive Spurenelemente): Zink, Eisen, Jod, Calcium und manchmal Kupfer
- (semi-)essenzielle Aminosäuren: vor allem Methionin, manchmal auch Tryptophan und Threonin. Auch wenn Hunde die Aminosäuren Taurin und L-Carnitin selbst herstellen können, ist eine Ergänzung sinnvoll, um sicherzugehen, dass sie ausreichend versorgt werden
- Salz: für die natürliche Versorgung mit Natrium und Chlorid

Auch die Nährstoffversorgung bei BARF-Rationen hängt sehr stark von der Wahl der entsprechenden Lebensmittel ab. Zu den typischen Ergänzungen beim Barfen zählen daher:

- Vitamine: Vitamin D, B-Vitamine und Vitamin E im geringeren Maß sowie manchmal auch Vitamin A
- Mineralstoffe (inklusive Spurenelemente): Mangan, Jod sowie Zink, Eisen und Kupfer in geringerem Maß
- Salz: für die natürliche Versorgung mit Natrium und Chlorid

Aufgrund der Vielzahl an einzelnen Stoffen, die in unterschiedlichen Mengen ergänzt werden müssen, empfiehlt sich die Verwendung eines handelsüblichen veganen All-in-one-Ergänzungsmittels, das bereits auf die vegane Fütterung abgestimmt ist und essenzielle Aminosäuren enthalten sollte. Eine Ergänzung mit einzelnen Präparaten ist zwar möglich, bringt jedoch einen hohen Aufwand mit sich und birgt die Gefahr, dass Dosierungsfehler gemacht werden.

### Dosierung

Eine Über- sowie Unterdosierung von Vitaminen und Mineralstoffen kann zu schweren gesundheitlichen Folgen führen, weshalb auf eine genaue Einhaltung der Dosierempfehlungen auf der Verpackung geachtet werden muss. Da jedes All-in-one- Ergänzungsmittel eine etwas unterschiedliche Zusammensetzung hat, ist an dieser Stelle keine pauschale Empfehlung zur Dosierung möglich.

## Salz

Salz besteht aus aus Natrium und Chlorid. Beide Elektrolyte sind sehr wichtig für den Organismus des Hundes, da sie an der Regulierung des Wasserhaushalts, der Produktion von Magensäure und des Blutdrucks beteiligt sind. Ein Hund sollte täglich zusätzlich zum All-in-one-Ergänzungsmittel Salz bekommen.

### Dosierung

Genaue Dosierempfehlungen sind im 14. Kapitel zu finden.

### Hinweis:

Hunde sind gegenüber hohen Salzmengen bei ausreichender Wasserzufuhr recht tolerant. Ist das Futter zu stark gesalzen, wird es in der Regel verweigert. Eine versehentlich leichte Überdosierung mit Salz ist nicht gesundheitsgefährdend. Aus diesem Grund ist kein penibles Abwiegen auf das genaue Milligramm erforderlich. Allerdings gibt es auch Hunde, die eine extrem versalzene Ration dennoch fressen. Das kann gesundheitsschädlich sein, sodass Vorsicht geboten ist.

## Achtung

Von der Verwendung von Koch- beziehungsweise Speisesalz wird abgeraten, da es aufwändig industriell hergestellt und gebleicht wird sowie Zusatzstoffe wie Rieselhilfen und Fluorid enthalten kann. Zudem sind keine weiteren Mineralstoffe mehr vorhanden, die in Natursalzen vorkommen. Aus diesen Gründen sollte nur naturbelassenes Meer- oder Steinsalz verwendet werden.



# Toppings

Als Toppings werden in diesem Zusammenhang Lebensmittel und sonstige Ergänzungen zusammengefasst, die keine reinen Vitamin-, Mineralstoff- oder Aminosäurepräparate darstellen und somit den veganen Rationsplan auf natürliche Weise aufwerten beziehungsweise die Gesundheit des Hundes unterstützen. Zu den Toppings zählen unter anderem:

- Gewürze, Kräuter und Pflanzenpulver
- Nüsse, Kerne und Samen
- Lebensmittel, die die Schmackhaftigkeit erhöhen

Nachfolgend werden einige Beispiel vorgestellt, die sich im veganen Rationsplan bewährt haben:

## Gewürze, Kräuter und Pflanzenpulver

Die Natur bietet eine große Auswahl an natürlichen Mitteln, die durch ihre besonderen Inhaltsstoffe einen sehr positiven Effekt auf die Gesundheit des Hundes haben können. Bei diesen Mitteln ist jedoch generell Vorsicht geboten: Einige Hunde mögen den teilweise sehr intensiven Geschmack und Geruch nicht, andere vertragen sie nicht. Aus diesem Grund sollte immer mit einer sehr kleinen Menge begonnen und die Dosis langsam gesteigert werden.

### Dosierung bei Gewürzen und Kräutern

Während sich bei Gewürzen und getrockneten Kräutern eine Anfangsdosis von einer Prise oder Messerspitze bewährt hat, kann je nach Körpergewicht und Verträglichkeit die Maximaldosis oft bis zu einem halben Teelöffel oder darüber hinaus betragen. Zu beachten ist jedoch, dass nicht alle Gewürze und Kräuter für Hunde geeignet sind und diese nicht ohne Absprache mit dem Ernährungsberater gefüttert werden sollten.

### Dosierung bei Pflanzenpulver

Pflanzenpulver sind hingegen oft weniger intensiv im Geschmack und Geruch und können in der Regel etwas höher dosiert werden. Je nach Körpergröße und Verträglichkeit kann die Maximaldosis bis zu einem Esslöffel betragen, wobei auch hier mit einer kleinen Dosis von einer Messerspitze begonnen werden sollte.

Gewürze, Kräuter und Pflanzenpulver, die einen starken gesundheitlichen Effekt auf den Hund haben können, sind:

### Kurkuma

Das im Kurkuma enthaltene Curcumin hat eine erstaunliche Wirkung. Es fördert das Immunsystem, wirkt stark entzündungshemmend und unterstützt die Darmflora. Das im Pfeffer enthaltene Piperin erhöht die Aufnahme des Curcumins, weshalb zusätzlich immer eine Prise Pfeffer unter das Futter gemischt werden sollte, sofern es der Hund verträgt. Da Curcumin fettlöslich ist, sollte immer etwas Öl zum Futter gegeben werden.

### Ingwer

Kaum ein Gewürz stärkt die Abwehrkräfte so gut wie Ingwer. Neben der Stimulation des Immunsystems sorgt es für eine starke Darmschleimhaut und bringt die Verdauung in Gang. Aufgrund seiner schmerzlindernden Wirkung ist es auch gut bei Arthrose. Ingwer soll in kleiner Menge unter das Futter gemischt werden, jedoch ist aufgrund des scharfen Geschmacks auch hier Vorsicht geboten.

### Basilikum

Basilikum hat viele ätherische Öle und kann dadurch entzündungshemmend, antioxidativ, schmerzlindernd und antibakteriell wirken. Zudem soll es ebenfalls eine sehr gute verdauungsfördernde Wirkung aufweisen. Basilikum kann in getrockneter oder frischer, pürierter Form dem Hund gegeben werden.

### Hagebuttenpulver

Hagebuttenpulver enthält viel Vitamin C und zahlreiche sekundäre Pflanzenstoffe, weist eine antioxidative und entzündungshemmende Wirkung auf und kann bei entzündlichen Gelenkerkrankungen unterstützend eingesetzt werden. Mild im Geschmack, fressen die meisten Hunde es sehr gerne.

## Nüsse, Kerne und Samen

Nüsse, Kerne und Samen sind sehr proteinreich und beinhalten eine Menge an wertvollen Vitaminen, Mineralstoffen und sekundären Pflanzenstoffen. Zudem weisen sie viele Ballaststoffe sowie wertvolle Omega-6- und Omega-3-Fettsäuren auf. Aufgrund ihrer hohen Nährstoffdichte bereichern sie eine vegane Ration ungemein, allerdings sollten sie in Maßen gefüttert werden, weil sie einen hohen Fett- und Kalorienanteil aufweisen.

**Dosierung**

Während kleinere Hunde in der Regel bis zu einem Esslöffel gemahlene Nüsse, Kerne oder Samen erhalten können, dürfen es bei größeren Hunden gerne drei Esslöffel sein. Aufgrund des hohen Fettanteils sollte der Öl-Anteil in der Ration dann jedoch etwas reduziert werden.

Allerdings sollte immer auf eine gute Verträglichkeit der Nüsse, Kerne und Samen geachtet werden, da nicht alle Hunde jede Sorte mögen und gut vertragen.

## Achtung

Nüsse, Kerne und Samen müssen vor dem Verzehr immer gemahlen werden, da sie ansonsten verschluckt und zu einem ernstzunehmenden Gesundheitsrisiko werden können. Zudem werden Nüsse, Kerne und Samen ungemahlen vom Körper schlecht verwertet und beinahe unverdaut wieder ausgeschieden.

**Hinweis:**
Gemahlene Nüsse, Kerne und Samen sollten luftdicht verpackt und im Idealfall im Kühlschrank aufbewahrt werden. So halten sie sich ungefähr vier Wochen.

Nüsse, Kerne und Samen, die Hunde prinzipiell bekommen dürfen:

- Paranüsse
- Pekannüsse
- Kokosnüsse
- Pistazien
- Haselnüsse
- Erdnüsse
- Sonnenblumenkerne
- Kürbiskerne
- Cashewkerne
- Pinienkerne
- Chiasamen
- Hanfsamen
- Leinsamen
- Sesamsamen

Vorsicht ist bei Erdnüssen und Haselnüssen aufgrund ihres erhöhten Allergiepotenzials geboten. Auch wenn die meisten Hunde diese Nüsse gut vertragen, können einige allergisch darauf reagieren. Botanisch gesehen handelt es sich bei Erdnüssen streng genommen nicht um Nüsse, sondern um Hülsenfrüchte, wegen ihres vergleichbaren Nährstoffprofils werden sie jedoch zu den Nüssen gezählt.

Besonderheiten bei:

### Chiasamen

Chiasamen müssen vor dem Verzehr nicht gemahlen werden, sondern quellen. Hierfür werden sie für mindestens 15 Minuten in reichlich Wasser eingeweicht und gelegentlich umgerührt, bis sie eine homogene, schleimige Konsistenz bilden.

### Flohsamenschalen

Bei Flohsamenschalen handelt es sich um die Schalen der Flohsamenpflanze. Im Gegensatz zu anderen Samen weisen sie kaum Fett und Protein auf. Sie zeichnen sich aber durch einen sehr hohen Gehalt an verschiedenen Ballaststoffen aus, die eine gesunde Darmflora und Verdauung unterstützen. Flohsamenschalen müssen ebenfalls mit reichlich Wasser für ungefähr 15 Minuten quellen, bevor sie an Hunde verfüttert werden.

### Nussmus

Statt gemahlener Nüsse kann auch Nussmus verwendet werden. Für Hunde geeignete Nussmussorten sind Haselnuss-, Erdnuss-, Cashew-, Pistazien- oder Sesammus, sofern keine Allergie vorliegt.

**Dosierung:**

Aufgrund des hohen Kaloriengehalts sollte Nussmus im Allgemeinen sehr sparsam verwendet werden, sodass bei kleineren Hunden ein Teelöffel und bei größeren Hunden bis zu zwei Esslöffel ausreichend sind, um die Kalorienbilanz nicht zu überschreiten. Allerdings sollte dann auch der Öl-Anteil reduziert werden.

**Achtung:**

Nussmus aus Nüssen, die für Hunde ungeeignet oder gar giftig sind (siehe weiter unten), darf nicht gefüttert werden. Aus Sicherheitsgründen sollte auch auf Mandelmus verzichtet werden, da nicht bekannt ist, ob darin Bittermandeln verarbeitet wurden.

## Nüsse, Kerne und Samen, die für Hunde ungeeignet sind

Folgende Nusssorten sind für Hunde giftig beziehungsweise ungeeignet und sollten daher unbedingt gemieden werden:

### Macadamianüsse

Macadamianüsse sind für Hunde giftig. Auch wenn bisher nicht bekannt ist, um welchen Giftstoff es sich genau handelt, zeigten Beobachtungen, dass die Aufnahme größerer Mengen dieser Nüsse zu schweren Vergiftungserscheinungen führt.[90] Neben Erbrechen, Fieber und Lähmungen sind auch Leberschädigungen möglich.

### Bittermandeln

Während Süßmandeln Hunden problemlos gefüttert werden können, sind Bittermandeln sehr gefährlich. Der Grund hierfür ist der Bitterstoff Amygdalin, eine Verbindung, die bei der Verdauung zu Blausäure umgewandelt werden und zu schweren Vergiftungssymptomen führen kann. Problematisch ist, dass sich Süß- und Bittermandeln optisch kaum voneinander unterscheiden und nur am bitteren Geschmack zu erkennen sind. Aus diesem Grund sollte auf die Fütterung von Mandeln im Allgemeinen lieber verzichtet werden.

### Walnüsse und Schwarznüsse

Walnüsse und die verwandten Schwarznüsse sind nicht prinzipiell giftig für Hunde, jedoch ist Vorsicht geboten. Unreife und frische Walnüsse sowie die Schale können mit dem Schimmelpilz Penicillium crustosum befallen sein, der ein Gift produziert. Beim Verzehr einer großen Menge kann es bei Hunden zu schweren Anfällen mit Krämpfen und Erbrechen führen. Für Menschen ist dieses Gift hingegen harmlos.

### Muskatnüsse

Muskatnüsse wirken bei Hunden bereits in kleinsten Mengen stark toxisch, da sie Toxine beziehungsweise Halluzinogene enthalten, die zu Vergiftungssymptomen, schwerwiegenden Nervenschädigungen und lebensbedrohlichen Rauschzuständen führen können. Eine Prise Muskatnuss reicht aus, weshalb sie nichts im Napf des Hundes verloren hat.

## Lebensmittel zur Geschmacksverstärkung

Da für manche Hunde ein veganes Futter nicht intensiv genug riecht beziehungsweise schmeckt und sie es aus diesem Grund nicht oder nicht so gerne fressen, gibt es einige vegane Zutaten, die es auf natürliche Weise geschmacklich aufwerten können:

### Hefeflocken

Bei Hefeflocken handelt es sich um getrocknete Hefe, die in Form von flockigen Flakes oder Pulver erhältlich ist. Sie wird in der veganen Ernährung von Menschen oft als Gewürz verwendet, um einen herzhaften, käsigen oder nussigen Geschmack zu erzielen. Hefeflocken sind zudem eine gute Quelle für verschiedene Nährstoffe wie B-Vitamine, Zink, Eisen sowie Antioxidantien.

Weil bei Hefeflocken die Hefe durch einen bestimmten Herstellungsprozess inaktiviert wird, können keine Gärprozesse mehr im Magen-Darmtrakt stattfinden. Daher sind sie im Gegensatz zu frischer und getrockneter Hefe für Hunde durchaus geeignet.

Aufgrund des intensiven Aromas reicht meist ein Teelöffel bei kleinen oder zwei Esslöffel bei größeren Hunden aus, um eine vegane Ration geruchlich und geschmacklich aufzuwerten.

### Tomatenmark

Wie bereits erwähnt, kann auch Tomatenmark Hunde zum Fressen animieren. Da Tomatenmark stark konzentriert ist, enthält es jedoch auch verhältnismäßig viel Zucker, sodass die Dosierung sparsam erfolgen sollte.

Bei kleinen Hunden reicht daher oft ein Teelöffel Tomatenmark aus, um die Schmackhaftigkeit zu erhöhen, wohingegen bei größeren Hunden auch ein bis zwei Esslöffel gegeben werden können.

### Selbst gemachte Gemüsebrühe

Auch selbst gemachte Gemüsebrühe kann über die vegane Ration gegeben werden und einen geschmacklichen Anreiz darstellen. In der Brühe sollten keine Zwiebeln verwendet werden, da diese giftig für Hunde sind.

Alternativ kann hochwertiger Gemüsefonds im Handel gekauft werden, wobei auf die Zutatenliste geachtet werden sollte, weil oft für den Hund giftige Zwiebelgewächse verwendet werden. Von Gemüsebrühepulver ist abzuraten, da es nicht nur viele fragwürdige Zutaten und Zwiebeln enthalten kann, sondern vor allem auch sehr viel Salz.

### Kala Namak

Hierbei handelt es sich um Schwefelsalz, das vor allem in der indischen Küche Verwendung findet. Aufgrund der Schwefelverbindungen riecht und schmeckt es stark nach Ei. Falls der Hund diesen Geschmack denn überhaupt mag, lässt sich Kala Namak als natürlicher Geschmackverstärker verwenden.

**Hinweis:**
Da es sich um ein Salz handelt, sollte die Dosierung sehr sparsam erfolgen und weiteres Salz weggelassen werden. Zum Anbraten von Tofu eignet sich Kala Namak sehr gut, sodass es manchmal ausreichen kann, lediglich den Tofu mit diesem Salz zu würzen, um einen Geschmacksanreiz zu schaffen.

# 14.

# Vegan kochen für Hunde

In diesem Kapitel geht es anhand von Beispielrezepten in die konkrete Umsetzung, wobei zu berücksichtigen ist, dass jeder Hund individuell ist. Daher muss eine Rationsgestaltung an die Bedürfnisse des einzelnen Hundes angepasst werden. Überhaupt sollte die gesamte Fütterung als fortlaufender Prozess gesehen werden, weil er stark von den sich ändernden Lebensbedingungen des Hundes, wie seinem Alter, eventuellen Krankheiten sowie von seinem Aktivitätslevel und Stoffwechsel abhängen. Unter diesem Aspekt sind die veganen Beispielrezepte in diesem Buch als grobe Richtwerte zu verstehen, die bei Bedarf feinjustiert werden müssen.

## Konkrete Rationsgestaltung

Allen Rezepten wird die folgende Aufteilung der Ration in die bekannten fünf Komponenten zugrunde gelegt:

- 45 % Pflanzliche Proteinquellen
- 30 % Kohlenhydratquellen
- 25 % Gemüse und Obst
- zuzüglich pflanzliche Öle
- zuzüglich Ergänzungen und Toppings

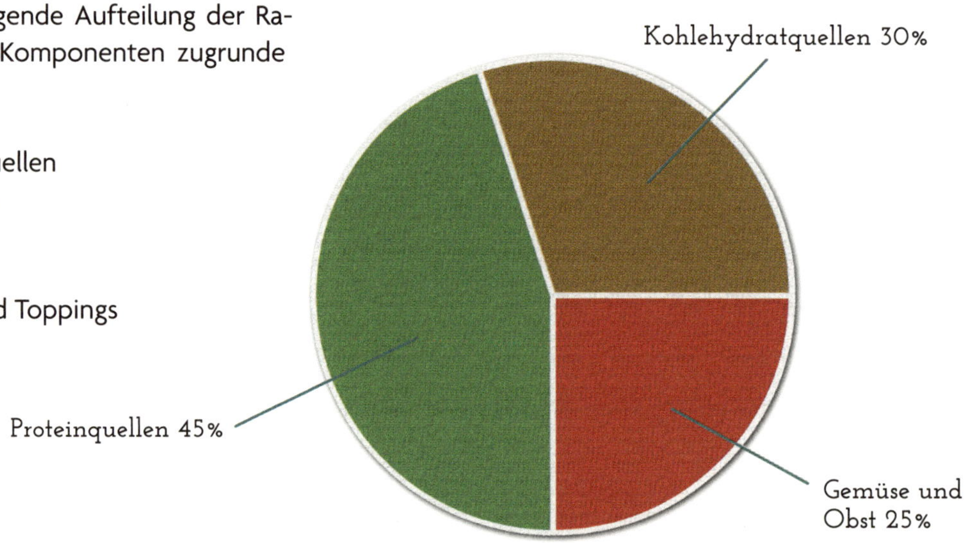


Grundaufbau eines veganen Rationsplans

| Öl | laut Dosierungsempfehlung in diesem Buch |
|---|---|
| Salz | laut Dosierungsempfehlung in diesem Buch |
| veganes Ergänzungsmittel | laut Dosierungsempfehlung in diesem Buch<br>oder laut Empfehlungen des Ernährungsberaters für Hunde |

**Hinweis:**
Es ist zu beachten, dass es sich hierbei um eine grobe Aufteilung handelt, die dem Überblick dient und in der Praxis nicht ganz genau eingehalten werden muss, da die Grammzahlen zur besseren Dosierung leicht auf- oder abgerundet werden.

### Umrechnungstabelle für die Rezepte

**Die Mengenangaben in den Rezepten beziehen sich auf einen 20 Kilogramm schweren Beispielhund. Bei einem anderen Körpergewicht sind die entsprechenden Mengenangaben aus der Tabelle zu entnehmen und gegebenenfalls anzupassen.**

## Rationsberechnung für erwachsene, gesunde Hunde: Tagesmengen in Gramm

| Körpergewicht in kg | Proteinquelle (Kochgewicht) | Proteinquelle (Kochgewicht) | Obst und Gemüse | Öl | Salz |
|---|---|---|---|---|---|
| 5 kg | 140 | 90 | 60 | 5 | 1 |
| 10 kg | 230 | 150 | 130 | 9 | 1,5 |
| 15 kg | 330 | 210 | 190 | 10 | 2 |
| 20 kg | 410 | 260 | 230 | 15 | 2,5 |
| 25 kg | 480 | 310 | 280 | 18 | 3 |
| 30 kg | 550 | 360 | 320 | 21 | 4 |
| 35 kg | 620 | 390 | 360 | 25 | 5 |
| 40 kg | 700 | 430 | 400 | 27 | 5,5 |
| 45 kg | 770 | 460 | 430 | 30 | 6 |
| 50 kg | 830 | 500 | 470 | 35 | 6,5 |
| 55 kg | 880 | 560 | 510 | 37 | 7 |
| 60 kg | 930 | 600 | 560 | 39 | 8 |
| 65 kg | 970 | 650 | 590 | 41 | 9 |
| 70 kg | 1030 | 690 | 620 | 43 | 10 |

**Hinweis:**
Es handelt sich bei den Gewichtsangaben um Schätzwerte, die nicht unbedingt auf jeden Hund zutreffen und gegebenenfalls modifiziert werden müssen.

## Umstellung auf eine selbst gekochte vegane Ration

Je nachdem welches Futter der Hund vorher bekommen hat, sollte die Umstellung auf eine vegane Ration schrittweise erfolgen und individuell auf den Hund abgestimmt sein. Da sich der gesamte Verdauungstrakt und die Darmflora an das neue Futter gewöhnen müssen und jeder Hund auf einen Futterwechsel anders reagiert, empfiehlt es sich für die Umstellung ungefähr zwei bis vier Wochen einzuplanen und in vier Schritten vorzugehen.

**Der Umstellungsprozess könnte bei einem 20 Kilogramm schweren Beispielhund, der vorher 300 Gramm Trockenfutter bekommen hat, wie folgt aussehen:**

1. Schritt: 75 Prozent vorheriges Futter und 25 Prozent selbst gekochte vegane Ration
2. Schritt: 50 Prozent vorheriges Futter und 50 Prozent selbst gekochte vegane Ration
3. Schritt: 25 Prozent vorheriges Futter und 75 Prozent selbst gekochte vegane Ration
4. Schritt: 0 Prozent vorheriges Futter und 100 Prozent selbst gekochte vegane Ration

**Hinweis:**
Es sollte erst dann zum nächsten Schritt übergegangen werden, wenn der Hund die aktuelle Umstellungsphase gut verträgt. Gegebenenfalls muss kleinschrittiger umgestellt werden.

## Allgemeine Hinweise zur Ration

- Bei Unsicherheiten oder plötzlich auftretenden gesundheitlichen Beschwerden, die mit der Futterumstellung in Zusammenhang gebracht werden, sollte die professionelle Hilfe eines Ernährungsberaters in Anspruch genommen werden, der sich auf eine vegane Fütterung spezialisiert hat.
- Wenn der Hund bereits an Krankheiten, Unverträglichkeiten oder sonstigen gesundheitlichen Beschwerden leidet, ist – unabhängig von der gewählten Fütterungsform – immer eine Begleitung durch einen Ernährungsberater für Hunde angeraten, um individuell auf die Bedürfnisse des Hundes einzugehen.
- Sollten Symptome vorhanden sein, die auf eine gestörte Darmgesundheit hindeuten könnten, etwa chronische Entzündungen, Unverträglichkeiten oder Allergien, ist eine Kombination aus einer veganen Rationsgestaltung und einer gezielten Stärkung der Darmgesundheit zu empfehlen.
- Die Ergänzungsmittel für vegane Rationen sollten anhand der vom Hersteller angegebenen Empfehlungen dosiert werden, um eine Über- oder Unterdosierung zu vermeiden. Es ist jedoch zu beachten, dass die jeweiligen Zusammensetzungen teilweise sehr große Differenzen aufweisen und die Sicherstellung der vollständigen Nährstoffversorgung nur anhand eines individuell erstellen veganen Rationsplans erfolgen kann.

## Häufige Fragen aus der Ernährungspraxis

### Was kann ich tun, wenn der Hund nicht satt wird?

Wenn der Hund nicht satt wird, kann der Gemüseanteil etwas erhöht werden. Gemüse hat verhältnismäßig wenig Kalorien, dafür viele Ballaststoffe und hohes Volumen, sodass es den Magen gut füllt und zur Sättigung beiträgt. Auch eingeweichte Flohsamenschalen können hilfreich sein, um den Hunger zu reduzieren.

### Wie kann ich verhindern, dass der Hund das Gemüse aussortiert?

In diesem Fall empfiehlt es sich, die gesamte Ration so zu vermischen oder zu pürieren, dass eine homogene Masse entsteht. Eventuell helfen auch Toppings wie Hefeflocken oder Tomatenmark, um ihn zum Fressen zu animieren.

### Ich habe das Gefühl, dass der Hund das Gemüse nicht gut verträgt. Was soll ich tun?

Manche Hunde vertragen einen höheren Gemüseanteil nicht gut und reagieren mit Verdauungsbeschwerden. In diesem Fall sollte der Gemüseanteil vorerst reduziert werden und auf leicht verdauliche Sorten wie gedünstete Karotten, Kürbis oder Brokkoli gesetzt werden. Wenn sich die Verdauung an den Gemüseanteil gewöhnt hat, kann dieser langsam erhöht oder alternativ Flohsamenschalen verwendet werden. Wenn sich die Beschwerden nicht reduzieren sollten, empfiehlt sich die fachkundige Begleitung durch einen veganen Ernährungsberater.

### Gibt es Alternativen zum Gemüse und Obst, wenn ich vergessen habe, genügend einzukaufen?

Für den Fall, dass nicht genug frisches Gemüse und Obst da ist, bieten sich Gemüse oder Gemüsemischungen aus dem Tiefkühlregal an, die sich gut auf Vorrat anschaffen lassen. Zu beachten ist jedoch, dass es sich um keine bereits gewürzten Gemüsemischungen handeln sollte. Sind Mais oder Erbsen in der Mischung, sollte sie für eine bessere Verdaulichkeit püriert werden.

Alternativ kann auch auf Gemüse- und Obstgläschen für Babys zurückgegriffen werden, die sich ebenfalls gut auf Vorrat anschaffen lassen.

Da Gemüse und Obst vorrangig der Ballaststoffzufuhr und Magenfüllung dienen, können stattdessen auch ein bis fünf Esslöffel eingeweichte Flohsamenschalen verwendet oder ausnahmsweise Gemüse und Obst gänzlich weggelassen werden.

### Was mache ich, wenn der Hund einige Kohlenhydrat- oder Proteinquellen aus den Rezepten nicht mag?

Das ist unproblematisch, da die Kohlenhydrat- oder Proteinquellen flexibel ausgetauscht werden können. Wenn der Hund beispielsweise keine Hirse mag, kann diese im gleichen Verhältnis gegen Quinoa oder eine andere Kohlenhydratquelle ausgetauscht werden. Ebenso verhält es sich bei den Proteinquellen: Sollte der Hund keine Bohnen mögen, können stattdessen Linsen oder andere Hülsenfrüchte gewählt werden.

### Ist es problematisch, dass sich das Kotvolumen seit der Futterumstellung erhöht hat?

Das ist ganz normal und kein Grund zur Sorge. Der hohe Ballaststoffanteil in der Ration erhöht das Kotvolumen und kann auch dazu führen, dass der Hund etwas öfter Kot absetzt. Eine geringere Nährstoffversorgung ist dadurch nicht zu befürchten, da dieser Zustand in der Ration bereits berücksichtigt wurde. Bei anhaltenden Verdauungsbeschwerden sollte jedoch professionelle Hilfe in Anspruch genommen werden, um die Ration individuell an den Hund anzupassen.

### Soll ich jeweils nur ein Lebensmittel einer Komponente füttern oder kann ich sie auch miteinander kombinieren, wie beispielsweise Hirse mit Haferflocken (beides sind Kohlenhydratquellen)?

Es muss sich nicht für Lebensmittel pro Komponente entschieden werden, sodass eine Kombination problemlos möglich ist.

### Soll ich dem Hund täglich das gleiche Rezept zubereiten?

Die Antwort lautet ganz klar: nein. Der Organismus von Mensch und Hund profitiert von einer abwechslungsreichen Ernährung. Durch eine Vielfalt in den Nahrungsmitteln wird die Darmflora im Gleichgewicht gehalten und trägt somit zu einem starken Immunsystem bei. Allerdings muss das Rezept nicht täglich gewechselt werden und es ist völlig unproblematisch, für ein paar Tage vorzukochen und dem Hund für diesen Zeitraum die gleiche Ration zu füttern.

### Es ist so zeitaufwändig, die einzelnen Toppings immer einzeln abzuwiegen. Gibt es eine Alternative?

Hier hat es sich bewährt, alle Toppings, die für eine Woche oder einen Monat gegeben werden sollen, einzeln mit Hilfe einer Briefwaage abzuwiegen und dann zu vermischen. Somit kann eine Toppingmischung gefüttert werden und es muss nicht mehr jedes Topping einzeln abgewogen werden. Das vegane All-in-one- Ergänzungsmittel sollte jedoch nach wie vor täglich genau abgewogen werden, da hier eine genau Dosierung eingehalten werden sollte.

### Soll ich die Ergänzungsmittel und Toppings zu jeder Tagesmahlzeit dazugeben?

Das ist nicht zwingend notwendig. Auch wenn es besser ist, Ergänzungsmittel über den Tag verteilt zu füttern, damit diese besser vom Körper aufgenommen werden können, können sie nur einmal am Tag gegeben werden.

### Muss ich täglich frisch für den Hund kochen, oder dürfen die Rationen auch im Kühlschrank aufbewahrt oder eingefroren werden?

Die Handhabung mit den Lebensmitteln, die für den Hund zubereitet werden, ist analog zur Zubereitung für den menschlichen Verzehr. In der Regel können sie gekocht oder gedünstet drei bis vier Tage im Kühlschrank aufbewahrt oder eingefroren werden.

### Können die Ergänzungsmittel und Toppings bereits über das Futter gegeben werden, wenn die Rationen für ein paar Tage vorgekocht oder eingefroren werden?

Das ist nicht zu empfehlen. Sie sollten erst zur Fütterung über das Futter gegeben werden, um zu gewährleisten, dass alle Nährstoffe erhalten bleiben.

### Der Hund nimmt durch die vegane Fütterung immer wieder ab oder zu. Wie gehe ich hier vor?

Wenn der Hund vorher Idealgewicht hatte, sollte er durch die Ernährungsumstellung nicht ab- oder zunehmen. Allerdings hat jeder Hund wie jeder Mensch auch einen individuellen Stoffwechsel und verwertet Nahrungsmittel individuell, sodass er hierfür mehr oder weniger Kalorien benötigt. Während der Futterumstellung und ein bis zwei Wochen danach ist das Gewicht jedoch noch nicht wirklich aussagekräftig, da sich der Organismus auf die neue Fütterungsform einstellen muss. Sollte jedoch eine dauerhafte Gewichtszu oder -abnahme erfolgen, sollten die Komponenten der gesamten Ration (Kohlenhydrat- und Protein-, Gemüse- und Ölanteil) prozentual angepasst werden.

**Hinweis:**
Es hat sich gezeigt, dass die Rationen in der Regel etwas nachjustiert werden müssen. Da der Kalorien- und Nährstoffbedarf in den Beispielrezepten nur pauschal berechnet werden kann, können individuelle Anforderungen nicht berücksichtigt werden. Zu diesen zählen etwa das Alter und das Aktivitätslevel des Hundes, sodass einige Hunde – ähnlich wie es bei Menschen ist – aufgrund ihrer Körperkonstitution Nahrung besser oder schlechter verwerten als andere, sodass sie mehr beziehungsweise weniger Kalorien benötigen, um ihr Körpergewicht zu halten. Um somit wirklich sicherzugehen, dass der Hund mit allen Nährstoffen versorgt wird, die er benötigt, sollte die Ration durch einen veganen Ernährungsberater für Hunde individuell an die Bedürfnisse angepasst werden.

# 15.

# Rezepte

### Hinweise:

Die Rezepte sind für einen 20 Kilogramm schweren Hund mit normalem Aktivitätslevel berechnet, sodass die Mengenangaben gegebenenfalls entsprechend auf ein anderes Gewicht anzupassen sind.

### Die Mengenangaben beziehen sich auf

- das Kochgewicht: bei den Hülsenfrüchten, Pseudogetreide und Getreide
- das Einweichgewicht bei den Flockenvarianten
- das Gewicht nach dem Pürieren oder Dünsten des Gemüses und Obst
- das Gewicht des rohen Tofus und Tempehs

### Gewichtsveränderungen durch das Kochen

- Das Kochgewicht der Hülsenfrüchte erhöht sich ungefähr um das Zweieinhalbfache bis Dreifache ihres Trockengewichts. So ergeben beispielsweise 100 Gramm rohe Linsen in etwa 250 bis 300 Gramm im gekochten Zustand.
- Das Kochgewicht des Pseudogetreides und Getreides erhöht sich – unabhängig davon, ob es sich um Körner oder Flocken handelt – ungefähr um das Dreifache ihres Trockengewichts. So ergeben beispielsweise 100 Gramm rohe Hirse circa 300 Gramm im gekochten Zustand.
- Das Gewicht des Gemüses und Obst sowie Tofus und Tempehs verändert sich hingegen kaum.

### Die Rezepte können flexibel variiert werden:

- Austausch von Komponenten: Hülsenfrüchte, Pseudogetreide, Getreide, Öle sowie Gemüse und Obst können gegen Alternativen der jeweiligen Komponenten ausgetauscht werden.
  Anstatt Erbsen können aus der Komponente „Proteinquelle“ andere Hülsenfrüchte wie Linsen oder Bohnen gewählt werden.

- Kombinationen innerhalb einer Komponente
  Zudem können innerhalb einer Komponente mehrere Zutaten miteinander kombiniert werden.
  Die Komponenten können auf mehrere Lebensmittel aufgeteilt werden. So lassen sich etwa Karotten und Kohlrabi innerhalb der Komponente „Gemüse und Obst“ miteinander kombinieren, auch wenn nur Karotten im Rezept angegeben sind. Wichtig ist nur, dass die Gesamtmenge der Komponente in der Summe nicht überschritten wird.

# Nudelgerichte

## Kicherbsennudeln mit Knollensellerie und Süßkartoffeln

### Zubereitung:

- Die Kichererbsennudeln ungefähr zehn Minuten länger, als auf der Packungsanleitung angegeben ist, sehr weich kochen.

- Den Knollensellerie schälen, in dünne Scheiben schneiden und ungefähr 15 Minuten dünsten, bis er weich ist.

- Die Süßkartoffeln gründlich waschen, in Stücke schneiden und ungefähr 20 Minuten kochen, bis sie weich sind. Tipp: Die Schale der Süßkartoffeln ist sehr gesund, sodass sie nicht geschält werden müssen.

- Die Nudeln in den Napf geben und mit dem Knollensellerie und den Süßkartoffeln garnieren. Anschließend das Öl, Salz und ein veganes Ergänzungsmittel über das Futter geben.

### Zutaten:

- 410 g gekochte Kichererbsennudeln
- 230 g gedünsteter Knollensellerie
- 260 g gekochte Süßkartoffeln
- 15 g Hanföl
- 2,5 g Salz
- veganes Ergänzungsmittel nach Dosierempfehlung des Herstellers

## Spinat-Buchweizenpasta mit gelben Linsen

### Zubereitung:

- Die gelben Linsen waschen und ungefähr zehn Minuten länger, als auf der Packungsanleitung angegeben ist, sehr weich kochen. Da sie nach dem Kochen zerfallen, ist ein Pürieren nicht notwendig.

- Den frischen Spinat gründlich waschen und dünsten. Alternativ kann Spinat aus dem Tiefkühlregal verwendet und nach Packungsanleitung zubereitet werden. Hinweis: Wenn auf die Tiefkühlvariante zurückgegriffen wird, sollte darauf geachtet werden, dass es sich um reinen Spinat ohne Zusätze handelt.

- Die Buchweizennudeln ungefähr zehn Minuten länger, als auf der Packungsanleitung angegeben ist, sehr weich kochen.

- Die gelben Linsen mit den Nudeln und dem Spinat in den Napf geben. Danach das Öl, Salz und ein veganes Ergänzungsmittel hinzugeben.

### Zutaten:

- 410 g gekochte gelbe Linsen
- 230 g gedünsteter Spinat
- 260 g gekochte Buchweizennudeln
- 15 g Walnussöl
- 2,5 g Salz
- veganes Ergänzungsmittel nach Dosierempfehlung des Herstellers

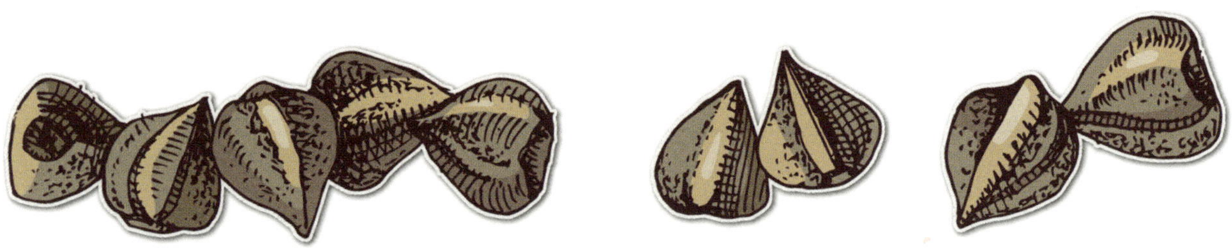

## Erbsennudeln mit Tempeh und rote Bete

### Zubereitung:

- Die Erbsennudeln ungefähr zehn Minuten länger, als auf der Packungsanleitung angegeben ist, sehr weich kochen.
- Den Tempeh in kleine Stücke schneiden.
- Die rote Bete gründlich waschen, in kleine Stücke schneiden und ungefähr 20 bis 30 Minuten dünsten, bis sie weich ist.
- Die Kartoffeln schälen, in kleinere Stücke schneiden und etwa 30 Minuten kochen lassen, bis sie sehr weich sind.
- Die Erbsennudeln und Kartoffeln in den Napf geben und mit der roten Bete garnieren. Anschließend mit dem Öl, Salz und einem veganen Ergänzungsmittel im Napf anrichten.

### Zutaten:

- 310 g gekochte Erbsennudeln
- 100 g Tempeh
- 230 g gedünstete rote Bete
- 260 g gekochte Kartoffeln
- 15 g Rapsöl
- 2,5 g Salz
- veganes Ergänzungsmittel nach Dosierempfehlung des Herstellers

# Bowls

## Quinoa-Gemüse-Bowl mit Kidneybohnen

### Zubereitung

- Die Kidneybohnen über Nacht einweichen und ungefähr zehn bis 15 Minuten länger, als auf der Packungsanleitung angegeben ist, sehr weich kochen. Wahlweise können auch Kidneybohnen aus der Dose genommen werden. Diese sollten dann gut abgespült und zehn bis 15 Minuten sehr weich gekocht werden.

- Die Kidneybohnen nach dem Kochen gut pürieren.

- Die Pastinaken und den Kohlrabi gut waschen, in kleine Stücke schneiden und ungefähr 15 bis 20 Minuten dünsten, bis sie weich sind.

- Das Quinoa zehn bis 15 Minuten länger, als auf der Packungsanleitung angegeben ist, sehr weich kochen.

- Die einzelnen Komponenten mit den Ölen, dem Salz und einem veganen Ergänzungsmittel als Bowl im Napf anrichten.

### Zutaten:

- 410 g gekochte Kidneybohnen
- 115 g gedünstete Pastinake
- 115 g gedünsteter Kohlrabi
- 260 g gekochter Quinoa
- 10 g Weizenkeimöl
- 5 g Leinöl
- 2,5 g Salz
- veganes Ergänzungsmittel nach Dosierempfehlung des Herstellers

## Bunte Kichererbsen-Bowl mit Kartoffeln und Mischgemüse

### Zubereitung:

- Die Kichererbsen über Nacht einweichen und ungefähr zehn bis 15 Minuten länger, als auf der Packungsanleitung angegeben ist, sehr weich kochen. Wahlweise können auch Kichererbsen aus der Dose oder aus dem Glas genommen werden. Diese sollten dann gut abgespült und zehn bis 15 Minuten sehr weich gekocht werden.
- Die Kichererbsen nach dem Kochen gut pürieren.
- Das Gemüse gut waschen, in kleine Stücke beziehungsweise Röschen schneiden und ungefähr 15 bis 20 Minuten dünsten, bis es weich ist. Wahlweise die Kaisergemüsemischung aus dem Tiefkühlregal nach Packungsanleitung zubereiten. Es sollte darauf geachtet werden, dass es sich um keine bereits gewürzte oder gesalzene Gemüsemischung handelt.
- Die Kartoffeln schälen und ungefähr 30 Minuten sehr weich kochen.
- Die einzelnen Komponenten mit den Ölen, dem Salz und einem veganen Ergänzungsmittel als Bowl im Napf anrichten.

### Zutaten:

- 410 g gekochte Kichererbsen
- 80 g gedünsteter Blumenkohl
- 80 g gedünstete Karotten
- 70 g gedünsteter Brokkoli
- Alternativ zum frischen Gemüse: Kaisergemüsemischung aus dem Kühlregal Hinweis: Es sollte darauf geachtet werden, dass es sich um keine bereits gewürzte oder gesalzene Gemüsemischung handelt.
- 260 g gekochte Kartoffeln
- 10 g Olivenöl
- 5 g Leinöl
- 2,5 g Salz
- veganes Ergänzungsmittel nach Dosierempfehlung des Herstellers

## Süßlupinen-Bowl mit Amaranth und Rosenkohl

### Zutaten:

- 410 g gekochte Süßlupinen
- 230 g gedünsteter Rosenkohl
- 260 g gekochter Amaranth
- 10 g gemahlene Kürbiskerne
- 10 g Hanföl
- 2,5 g Salz
- veganes Ergänzungsmittel nach Dosierempfehlung des Herstellers

### Zubereitung:

- Die Süßlupinen über Nacht einweichen und ungefähr zehn bis 15 Minuten länger, als auf der Packungsanleitung angegeben ist, sehr weich kochen. Wahlweise können auch Süßlupinen aus der Dose oder aus dem Glas genommen werden. Diese sollten dann gut abgespült und zehn bis 15 Minuten sehr weich gekocht werden.
- Die Süßlupinen nach dem Kochen gut pürieren.
- Den Rosenkohl putzen, waschen und ungefähr 15 bis 20 Minuten dünsten, bis er weich ist. Wahlweise kann auch Rosenkohl aus dem Kühlregal gewählt und nach Packungsanleitung zubereitet werden.
- Den Amaranth zehn bis 15 Minuten länger, als auf der Packungsanleitung angegeben ist, sehr weich kochen.
- Kürbiskerne fein mahlen.
- Die einzelnen Komponenten mit dem Öl, den gemahlenen Nüssen, dem Salz und einem veganen Ergänzungsmittel als Bowl im Napf anrichten.

## Linsenpfanne mit Reis und grünem Gemüse

Zutaten:

- 410 g gekochte Beluga-Linsen
- 130 g frische Zucchini
- 100 g frischer Spinat
- 260 g gekochter Basmatireis
- 15 g Kokosöl
- 2 Pipetten Algenöl
- 2,5 g Salz
- veganes Ergänzungsmittel nach Dosierempfehlung des Herstellers

### Zubereitung:

- Die Beluga-Linsen für ungefähr vier Stunden oder über Nacht einweichen und circa zehn bis 15 Minuten länger, als auf der Packungsanleitung angegeben ist, sehr weich kochen.
- Die Beluga-Linsen nach dem Kochen pürieren.
- Den Basmati-Reis mehrmals gründlich abspülen und in reichlich Wasser ungefähr zehn Minuten länger, als auf der Packungsanleitung angegeben ist, sehr weich kochen. Das restliche Kochwasser wegschütten.
- Die Zucchini waschen, in kleine Stücke schneiden und mit Kokosöl in der Pfanne für ungefähr zehn Minuten leicht anbraten.
- Das Linsenpüree, den Reis sowie den frischen Spinat in die Pfanne dazugeben, verrühren und nochmals kurz anbraten lassen.
- Die Linsenpfanne im Napf anrichten und das Algenöl, das Salz sowie ein veganes Ergänzungsmittel darübergeben.

## Hirsepfanne mit Gemüse und Tofuwürfeln

### Zubereitung

- Den Tofu in kleine Würfel schneiden und beiseitestellen.
- Die tiefgekühlten grünen Erbsen in etwas Wasser ungefähr 15 Minuten kochen, bis sie sehr weich sind und danach pürieren.
- Die Karotten gut waschen und raspeln.
- Den Chicorée ebenfalls gründlich waschen und die Blätter dritteln.
- Die Hirse zehn bis 15 Minuten länger, als auf der Packungsanleitung angegeben ist, sehr weich kochen.
- Die Karotten mit dem Tofu im Öl ungefähr 15 Minuten leicht anbraten.
- Anschließend das Erbsenpüree, den Chicorée und die Hirse hinzugeben, verrühren und alles nochmals kurz anbraten lassen.
- Die Hirsepfanne in den Napf geben, mit den Kokosraspeln dekorieren und zuletzt das Algenöl, das Salz und ein veganes Ergänzungsmittel hinzugeben.

### Zutaten:

- 250 g Tofu
- 160 g grüne Erbsen aus dem Tiefkühlregal
- 150 g frische Karotten
- 80 g frischer Chicorée
- 260 g gekochte Hirse
- 15 g Kokosöl
- 5 g Kokosraspeln
- 2 Pipetten Algenöl
- 2,5 g Salz
- veganes Ergänzungsmittel nach Dosierempfehlung des Herstellers

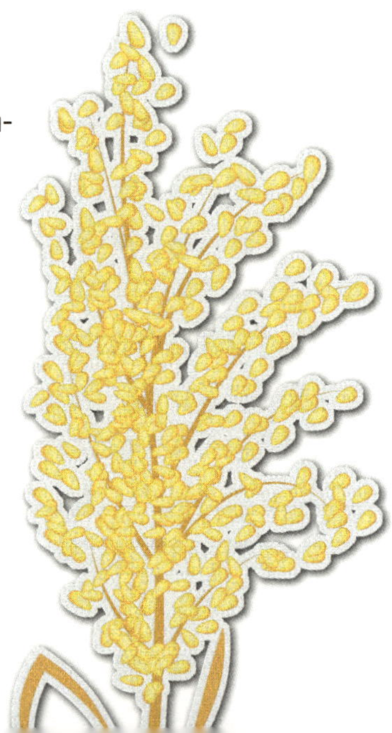

## Wirsingpfanne mit weißen Bohnen und Polenta

### Zutaten:

- 410 g gekochte weiße Bohnen
- 230 g frischer Wirsing
- 260 g gekochte Polenta
- 15 g Kokosöl
- 2 Pipetten Algenöl
- 2,5 g Salz
- veganes Ergänzungsmittel nach Dosierempfehlung des Herstellers

### Zubereitung:

- Die weißen Bohnen über Nacht einweichen und ungefähr zehn bis 15 Minuten länger, als auf der Packungsanleitung angegeben ist, sehr weich kochen. Wahlweise können auch weiße Bohnen aus der Dose oder aus dem Glas genommen werden. Diese sollten dann gut abgespült und zehn bis 15 Minuten sehr weich gekocht werden.

- Die weißen Bohnen nach dem Kochen pürieren.

- Den Wirsing gut waschen und in dünne Streifen schneiden.

- Die Polenta kurz aufkochen lassen und ungefähr zehn bis 15 Minuten länger, als auf der Packungsanleitung angegeben ist, bei geringer Hitze quellen lassen. Hinweis: Polenta brennt sehr schnell am Topf an, sodass auf eine ausreichende Wassermenge und regelmäßiges Umrühren geachtet werden sollte.

- Den Wirsing mit dem Kokosöl ungefähr 15 Minuten leicht anbraten. Nach fünf Minuten etwas Wasser hinzugeben und in der Pfanne weiter köcheln lassen.

- Anschließend das Bohnenpüree und die Polenta hinzugeben, alles miteinander verrühren und nochmals kurz anbraten lassen.

- Die Wirsingpfanne im Napf anrichten und das Algenöl, das Salz und ein veganes Ergänzungsmittel hinzugeben.

# Eintöpfe

## Gelbe-Linsen-Dal mit Quinoa und Blumenkohl

### Zutaten:

- 410 g gekochte gelbe Linsen
- 100 g frischer Blumenkohl
- 130 g passierte Tomaten aus dem Glas
- 260 g gekochte Quinoa
- 10 g gemahlene Sonnenblumenkerne
- 10 g Hanföl
- 2,5 g Salz
- veganes Ergänzungsmittel nach Dosierempfehlung des Herstellers

### Zubereitung:

- Die gelben Linsen ungefähr zehn bis 15 Minuten länger, als auf der Packungsanleitung angegeben ist, sehr weich kochen. Hinweis: Da sie beim Kochen zu einem Brei werden, müssen sie nicht püriert werden.
- Den Blumenkohl gut waschen und in sehr kleine Stücke schneiden.
- Das Quinoa abspülen und zehn bis 15 Minuten länger, als auf der Packungsanleitung angegeben ist, sehr weich kochen.
- Den Blumenkohl in einen Topf geben und so viel Wasser einfüllen, bis etwa dreiviertel des Blumenkohls bedeckt ist.
- Den Blumenkohl ungefähr 15 Minuten kochen lassen, bis er weich ist.
- Anschließend die Linsen, das Quinoa und die passierten Tomaten hinzugeben und alles miteinander verrühren.
- Die Sonnenblumenkerne mahlen.
- Das Linsen-Dal im Napf anrichten und die Sonnenblumenkerne, das Öl, das Salz und ein veganes Ergänzungsmittel hinzugeben.

## Kokos-Suppe mit Süßkartoffeln und Linsennudeln

### Zutaten:

- 410 g gekochte Linsennudeln
- 130 g frische Steckrüben
- 100 g frische Karotten
- 260 g frische Süßkartoffeln
- 50 g Kokosmilch
- 5 g Kokosraspeln
- 2 Pipetten Algenöl
- 2,5 g Salz
- veganes Ergänzungsmittel nach Dosierempfehlung des Herstellers

### Zubereitung

- Die Linsennudeln ungefähr zehn Minuten länger, als auf der Packungsanleitung angegeben ist, sehr weich kochen.
- Die Steckrüben, Karotten und Süßkartoffeln gründlich waschen und in kleine Stücke schneiden.
- Die kleingeschnittenen Steckrüben, Karotten und Süßkartoffeln in einen Topf geben und so viel Wasser einfüllen, bis etwa drei viertel des Gemüses bedeckt ist.
- Alles ungefähr 20 bis 25 Minuten kochen lassen, bis es weich ist.
- Anschließend die Linsennudeln und die Kokosmilch hinzugeben und alles miteinander verrühren.
- Die Kokos-Suppe in den Napf geben und mit den Kokosraspeln garnieren.
- Zuletzt das Algenöl, das Salz und ein veganes Ergänzungsmittel hinzugeben.

## Erbsen-Eintopf mit Schwarzwurzeln und Tofu

### Zubereitung

- Die tiefgekühlten grünen Erbsen in etwas Wasser ungefähr 15 Minuten kochen, bis sie sehr weich sind und danach pürieren.
- Den Tofu zerbröseln und beiseitestellen.
- Die Schwarzwurzeln gut waschen, schälen und in kleine Stücke schneiden.
- Die Schwarzwurzeln in einen Topf füllen und knapp mit Wasser bedeckt ungefähr 20 Minuten kochen lassen.
- Den Buchweizen ungefähr zehn Minuten länger, als auf der Packungsanleitung angegeben ist, sehr weich kochen.
- Anschließend das Erbsenpüree, den Tofu und den Buchweizen zu den Schwarzwurzeln geben, verrühren und alles nochmals kurz aufkochen lassen. Bei Bedarf noch etwas Wasser hinzugeben.
- Den Erbsen-Eintopf in den Napf geben und zuletzt das Öl, das Salz und ein veganes Ergänzungsmittel drüber geben.
- Guten Appetit!

### Zutaten:

- 210 g grüne Erbsen aus dem Tiefkühlregal
- 200 g Tofu
- 230 g frische Schwarzwurzeln
- 260 g gekochter Buchweizen
- 15 g Walnussöl
- 2,5 g Salz
- veganes Ergänzungsmittel nach Dosierempfehlung des Herstellers

# Oatmeals

## Porridge mit Linsen und buntem Gemüse

### Zubereitung

- Die roten Linsen für ungefähr zehn bis 15 Minuten länger, als auf der Packungsanleitung angegeben ist, weich kochen. Da rote Linsen beim Kochen zu einem Brei zerfallen, müssen sie danach nicht püriert werden.
- Das Gemüse gründlich waschen, die Tomaten in kleine Stücke schneiden und die Karotten raspeln.
- Die Tomaten, den Spinat und die Karotten in Kokosöl etwa zehn Minuten leicht anbraten.
- Die Haferflocken in Wasser kurz aufkochen lassen, bis sie sehr weich sind.
- Die Linsen und das Gemüse zu den Haferflocken geben, umrühren und alles nochmal kurz aufkochen lassen. Eventuell etwas Wasser hinzugeben.
- Anschließend das Porridge zusammen mit dem Algenöl, dem Salz und einem veganen Ergänzungsmittel im Napf anrichten.

### Zutaten:

- 410 g rote Linsen
- 50 g reife Tomaten
- 80 g frischer Spinat
- 100 g frische Karotten
- 260 g gekochte Haferflocken
- 15 g Kokosöl
- 2 Pipetten Algenöl
- 2,5 g Salz
- veganes Ergänzungsmittel nach Dosierempfehlung des Herstellers

## Kürbis-Overnight Oats mit Chiasamen und Tempeh

Zubereitung:

- Die Haferflocken über Nacht einweichen lassen.
- Den Tempeh in kleine Würfel schneiden und beiseitestellen.
- Die Kidneybohnen über Nacht einweichen und ungefähr zehn bis 15 Minuten länger, als auf der Packungsanleitung angegeben ist, sehr weich kochen. Wahlweise können auch Kidneybohnen aus der Dose oder aus dem Glas genommen werden. Diese sollten dann gut abgespült und zehn bis 15 Minuten sehr weich gekocht werden.
- Die Kidneybohnen nach dem Kochen pürieren.
- Den Kürbis waschen, in kleine Stücke schneiden und knapp mit Wasser bedeckt ungefähr 20 Minuten kochen lassen, bis er weich ist.
- Die Chiasamen ungefähr 15 Minuten in Wasser aufquellen lassen und öfter umrühren, bis eine homogene Masse entsteht.
- Die Haferflocken mit dem Kidneybohnenpüree und dem Kürbis vermengen und im Napf anrichten.
- Mit dem Tempeh und den Chiasamen garnieren und zuletzt das Öl, das Salz und ein veganes Ergänzungsmittel hinzugeben.

Zutaten:

- 200 g Tempeh
- 210 g gekochte Kidneybohnen
- 230 g gekochter Kürbis
- 260 g eingeweichte Haferflocken
- 20 g Chiasamen
- 5 g Weizenkeimöl
- 2,5 g Salz
- veganes Ergänzungsmittel nach Dosierempfehlung des Herstellers

## Beeren-Apfel-Overnight Oats mit Süßlupinen und Nüssen

### Zubereitung:

- Die Haferflocken über Nacht einweichen lassen.
- Die Süßlupinen über Nacht einweichen und ungefähr zehn bis 15 Minuten länger, als auf der Packungsanleitung angegeben ist, sehr weich kochen. Wahlweise können auch Süßlupinen aus der Dose oder aus dem Glas genommen werden. Diese sollten dann gut abgespült und zehn bis 15 Minuten sehr weich gekocht werden.
- Die Süßlupinen nach dem Kochen gut pürieren.
- Die Äpfel gut waschen und raspeln. Hinweis: Die Schale ist besonders gesund, sodass Äpfel nicht geschält werden müssen.
- Die Beeren vorsichtig waschen.
- Die Paranüsse mahlen. Hinweis: Damit sie besser gemahlen werden können, empfiehlt es sich, sie vorher in Stücke zu schneiden.
- Die Haferflocken mit dem Süßlupinenpüree und dem Apfel vermengen und im Napf anrichten.
- Mit den Beeren und den Nüssen garnieren und zuletzt das Öl, das Salz und ein veganes Ergänzungsmittel hinzugeben.

### Zutaten:

- 410 g gekochte Süßlupine
- 130 g geraspelter Apfel
- 100 g frische Beeren nach Wahl
- 260 g eingeweichte Haferflocken
- 10 g Paranüsse
- 10 g Leinöl
- 2,5 g Salz
- veganes Ergänzungsmittel nach Dosierempfehlung des Herstellers

# Leckerlies

## Räuchertofu

Räuchertofu eignet sich wunderbar als Snack für Hunde, der frisch gegeben oder getrocknet werden kann, wobei er in getrockneter Form einige Zeit haltbar ist.

### Zutaten:

- Räuchertofu

### Zubereitung:

- Frisch kann er in Würfelchen geschnitten direkt dem Hund gefüttert werden.

- Wenn er getrocknet werden soll, ist es ratsam, ihn in möglichst dünne Scheiben zu schneiden und im Backofen bei 80 Grad ungefähr drei bis vier Stunden trocknen zu lassen, bis er hart ist.

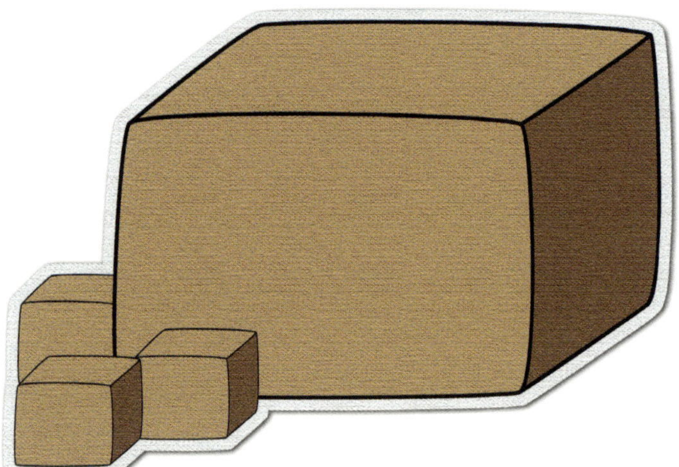

## Bananen-Hafer-Cookies

### Zubereitung:

- Den Ofen auf 175°C vorheizen (Umluft).
- Die Bananen mit den Haferflocken in eine Schüssel geben und pürieren, bis eine homogene Masse entsteht.
- Optional das Erdnussmus hinzugeben und untermischen.
- Die Masse auf einem mit Backpapier ausgelegten Backblech zu Cookies formen. Wenn der Teig zu klebrig ist, können noch etwas mehr Haferflocken untergemischt werden.
- Die Cockies im Backofen für etwa zehn bis 15 Minuten backen, je nachdem, ob sie weicher oder fester sein sollen.
- Nach dem Backen die Cockies auf dem Blech auskühlen lassen, bevor sie dem Hund geben werden.

### Zutaten:

- 2 reife Bananen
- 150 g Haferflocken
- 50 g reines Erdnussmus (optional)

## Protein-Powerriegel

### Zubereitung:

- Den Ofen auf 160°C vorheizen (Umluft).
- Die Buchweizenflocken und Chiasamen mit warmem Wasser übergießen und ungefähr 20 Minuten quellen lassen.
- Die Sonnenblumen- und Kürbiskerne fein mahlen.
- Die Bananen mit einer Gabel zerdrücken.
- Anschließend die gemahlenen Sonnenblumen- und Kürbiskerne sowie die zerdrückten Bananen zur Buchweizenflocken-Chiasamen-Masse geben.
- Die restlichen Zutaten ebenfalls hinzugeben und alles mit der Hand oder einem Rührgerät gut verkneten.
- Die Masse auf ein mit Backpapier ausgelegtes Backblech geben und zu einem dünnen Rechteck formen (ungefähr 0,5cm hoch).
- Im Backofen für etwa 45 Minuten backen.
- Nach dem Backen die Protein-Powerriegel in kleine Stücke schneiden und abkühlen lassen.

### Zutaten:

- 75 g Buchweizen- oder Haferflocken
- 25 g Chiasamen
- 250 g warmes Wasser
- 25 g Sonnenblumenkerne
- 25 g Kürbiskerne
- 25 g Kokosraspel
- 40 g Leinmehl
- 40 g Kokosöl
- 2 reife Bananen

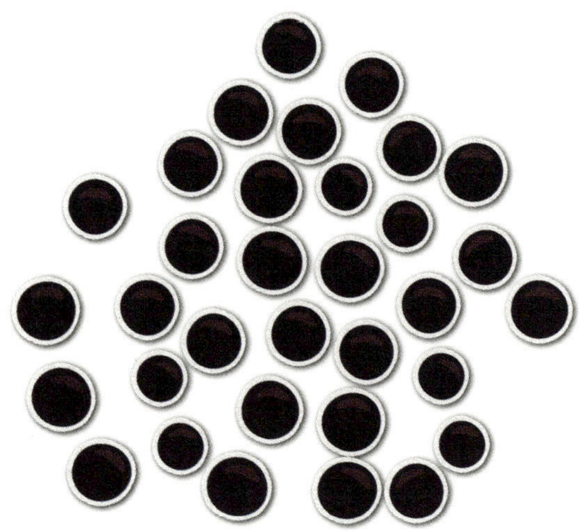

# Fazit

Zusammenfassend lässt sich festhalten, dass die vegane Fütterung sowie alle anderen Fütterungsformen Vorteile, aber auch Herausforderungen mit sich bringt. So unterschiedlich die vegane Hundeernährung und BARF aber auch sein mögen, haben sie eine große Gemeinsamkeit: Selbst gekochte, vegane Mahlzeiten und BARF-Rationen setzen auf natürliche und unverarbeitete Lebensmittel, die sich prozentual in unterschiedliche Komponenten aufteilen lassen. Wenn Getreide in der BARF-Ration verwendet wird, ist der Zubereitungsaufwand beider Fütterungsformen sogar vergleichbar, da sich lediglich die Proteinquellen unterscheiden. Während BARF auf Fleisch setzt, das tiefgekühlt gelagert und aufgetaut werden muss, werden in der veganen Fütterung Hülsenfrüchte verwendet, welche sich leicht lagern lassen, jedoch das Kochen erfordern. Tofu und Tempeh können hingegen roh gefüttert werden.

Eine weitere Gemeinsamkeit aller Fütterungsformen ist die Notwendigkeit, sich mit der Fütterungsart intensiv zu beschäftigen, um das Risiko eines Nährstoffdefizits zu vermeiden, welches daher kein spezifisches Risiko der veganen Hundeernährung ist. Auch wenn die vegane Ration insgesamt mehr Vitamine, Mineralstoffe und vor allem einige essenzielle Aminosäuren ergänzend benötigt, kann sie mit einem All-in-one-Ergänzungsmittel recht unkompliziert und bedarfsdeckend gestaltet werden. Aber auch BARF-Rationen und vegetarische Mahlzeiten sind auf Ergänzungsmittel angewiesen, um wirklich bedarfsdeckend zu sein und den Hund mit allen benötigten Nährstoffen zu versorgen. Aus diesem Grund ist eine tiefergehende Befassung mit der gewählten Fütterungsform – egal ob fleischbasiert oder fleischfrei – unabdingbar.

Auf der anderen Seite kann davon ausgegangen werden, dass die vegane Fütterung nicht nur umweltschonender ist, sondern auch weniger Schadstoffe, wie Dioxine, Medikamentenrückstände und Hormone beinhaltet, was sich positiv auf die Gesundheit des Hundes auswirkt. Hinzu kommt, dass sie arm an Omega-6-Fettsäuren ist, da diese vermehrt in tierischen Produkten vorkommen und in einem Übermaß entzündungsfördernd wirken.

Auch gesundheitlich beeinträchtigte und alte Hunde können von der veganen Fütterung profitieren, vor allem, wenn sie an unerklärlichen Allergien oder Unverträglichkeiten leiden und eine fleischlastige oder vegetarische Ernährung keine Linderung bringt.

Zu beachten ist jedoch, dass die vegane Fütterung von Hunden im Wachstum zwar möglich ist, dies jedoch eine sehr engmaschige Betreuung bedarf, mit der sichergestellt werden muss, dass die Rationen dem Entwicklungsstadium des Hundes entspricht und seinem hohen Nährstoffbedarf gerecht wird. Die vegane Fütterung von tragenden und laktierenden Hündinnen ist hingegen sehr kritisch zu betrachten.

Abschließend kann festgehalten werden, dass zum Thema vegane Hundeernährung noch weitere Forschung nötig ist, da noch wenige wissenschaftlich fundierte Langzeiterfahrungen vorliegen. Nach dem aktuellen Wissensstand kann sie jedoch eine gute Alternative zu BARF oder der vegetarischen Fütterung darstellen, wenn sie bedarfsdeckend zusammengestellt ist und der Hund sie gut verträgt. Allgemein empfiehlt es sich, unabhängig von der gewählten Fütterungsform, einen individuellen Rationsplan für den Hund berechnen zu lassen, um sicherzugehen, dass dieser optimal mit allen Nährstoffen versorgt wird. Denn letztendlich benötigt der Hund bestimmte Nährstoffe und nicht bestimmte Nahrungsmittel.

# Über die Autorin

Andrea Kleist ist vegane Ernährungsberaterin für Hunde und Menschen und befasst sich leidenschaftlich gerne mit allen Themen rund um die gesunde und vegane Ernährung. Durch ihre früheren Tätigkeiten an Universitäten und Schulen sowie im analytisch-wirtschaftlichen Bereich, liegt es ihr im Blut, wissenschaftlich fundiert zu arbeiten. Nun hat sie es sich zur Aufgabe gemacht hat, die vegane Hundeernährung sachlich zu untersuchen und undogmatisch als eine mögliche Alternative zu gängigen Ernährungsformen vorzustellen. In ihrem Berufsalltag erlebt sie immer wieder die gesundheitlichen Vorteile von sinnvoll gestalteten veganen Rationsplänen und gibt auf ihrem Instagram-Kanal „vegan.fuer.hunde“ Tipps und Informationen zu diesem Thema.

# Quellen


1 Bergström, A., Stanton, D.W.G., Taron, U.H. et al. Grey wolf genomic history reveals a dual ancestry of dogs. Nature 607, 313-320 (2022). https://doi.org/10.1038/s41586-022-04824-9

2 Thalmann O, Shapiro B, et al. Complete mitochondrial genomes of ancient canids suggest a European origin of domestic dogs. Science. 2013 Nov 15;342(6160):871-4. doi: 10.1126/science.1243650. PMID: 24233726.

3 Arendt M, Cairns KM, Ballard JW, Savolainen P, Axelsson E. Diet adaptation in dog reflects spread of prehistoric agriculture. Heredity (Edinb). 2016 Nov;117(5):301-306. doi: 10.1038/hdy.2016.48. Epub 2016 Jul 13. PMID: 27406651; PMCID: PMC5061917.

4 Losey, Robert J, et al, The evolution of dog diet and foraging: Insights from archaelological canids in Siberia. Science Advances vol 8, 29 (2022). DOI:10.1126/sciadv.abo6493

5 Jung, C. & Pörtl, D. (2016): Tierisch beste Freunde. Stuttgart: Schattauer Verlag.

6 Rao A, Range F, Kadletz K, Kotrschal K, Marshall-Pescini S. Food preferences of similarly raised and kept captive dogs and wolves. PLoS One. 2018 Sep 20;13(9):e0203165. doi: 10.1371/journal.pone.0203165. PMID: 30235228; PMCID: PMC6157812

7 Kelly, Rachel Elizabeth, Feeding the modern dog: An examination of the history of the commercial dog food industry and popular perceptions of canine dietary patterns. Master's Thesis, Michigan State University, 2012. DOI: https://doi.org/doi:10.25335/M57M26

8 Coelho, L.P., Kultima, J.R., Costea, P.I. et al. Similarity of the dog and human gut microbiomes in gene content and response to diet. Microbiome 6, 72 (2018). https://doi.org/10.1186/s40168-018-0450-3

9 Domínguez-Oliva A, Mota-Rojas D, Semendric I, Whittaker AL. The Impact of Vegan Diets on Indicators of Health in Dogs and Cats: A Systematic Review. Vet Sci. 2023 Jan 12;10(1):52. doi: 10.3390/vetsci10010052. PMID: 36669053; PMCID: PMC9860667

10 Meyer, H. & Zentek, J. (2016): Ernährung des Hundes. Grundlagen – Fütterung – Diätik. Stuttgart: Enke Verlag

11 Dodd, Sarah, Khosa, Deep, et al.,Owner perception of health of North American dogs fed meat- or plant-based diets, Research in Veterinary Science,Volume 149 (2022),Pages 36-46, https://doi.org/10.1016/j.rvsc.2022.06.002.

12 Knight A, Huang E, Rai N, Brown H (2022) Vegan versus meat-based dog food: Guardian-reported indicators of health. PLoS ONE 17(4): e0265662. https://doi.org/10.1371/journal.pone.0265662

13 Knight A, Satchell L. Vegan versus meat-based pet foods: Owner-reported palatability behaviours and implications for canine and feline welfare. PLoS One. 2021 Jun 16;16(6):e0253292. doi: 10.1371/journal.pone.0253292.

14 Ingenpaß L, Abd El-Wahab A et al. (2021) Nitrogen output in the urban environment using a vegetarian canine diet. PLOS ONE 16(9): e0257364. https://doi.org/10.1371/journal.pone.0257364

15 El-Wahab, A.A.; Wilke, V.; Grone, R.; Visscher, C. Nutrient Digestibility of a Vegetarian Diet with or without the Supplementation of Feather Meal and Either Corn Meal, Fermented Rye or Rye and Its Effect on Fecal Quality in Dogs. Animals 2021, 11, 496. https://doi.org/10.3390/ani11020496

**16** Cavanaugh SM, Cavanaugh RP, Gilbert GE, Leavitt EL, Ketzis JK, et al. (2021) Short-term amino acid, clinicopathologic, and echocardiographic findings in healthy dogs fed a commercial plant-based diet. PLOS ONE 16(10): e0258044. https://doi.org/10.1371/journal.pone.0258044

**17** Kiemer, Lukas Andreas, Vegan diet and its effects on the dog's health. Master Thesis of Integrated Studies of Veterinary Medicine, Lithuanian University of Health Sciences, Kaunas 2019.

**18** Semp, Pia-Gloria, Vegan nutrition of dogs and cats. Diplomarbeit, Veterinärmedizinische Universität Wien, 2014

**19** Brown, Wendy Y, Vanselow, Barbara A, Redman, Andrew J and Pluske, John R, An experimental meat-free diet maintained haemotlogical characteristics in sprint-racing sled dogs. British Journal of Nutrition (2009), 102, 1318-1323.

**20** Tierärztliche Vereinigung für Tierschutz e.V., Merkblatt Nr. 183: Vegetarische Ernährung von Hunden und Katzen. (2018) Hrsg. Arbeitskreis Kleintiere

**21** Dodd SAS, Cave NJ, Adolphe JL, Shoveller AK, Verbrugghe A (2019) Plant-based (vegan) diets for pets: A survey of pet owner attitudes and feeding practices. PLOS ONE 14(1): e0210806. https://doi.org/10.1371/journal.pone.0210806

**22** Hank Rothgerber, A meaty matter. Pet diet and the vegetarian's dilemma, Appetite, Volume 68 (2013), pp.76-82, https://doi.org/10.1016/j.appet.2013.04.012.

**23** https://www.legislation.gov.uk/ukpga/2006/45/crossheading/promotion-of-welfare'
Aufgerufen am 01.03.2024

**24** https://www.gesetze-im-internet.de/tierschg/BJNR012770972.html
Tierschutzgesetz, Bundesministerium der Justiz aufgerufen am 01.03.2024

**25** Freedman AH, Gronau I, Schweizer RM, Ortega-Del Vecchyo D, Han E, et al. (2014) Genome Sequencing Highlights the Dynamic Early History of Dogs. PLOS Genetics 10(1): e1004016. https://doi.org/10.1371/journal.pgen.1004016

**26** Mueller, R.S., Olivry, T. & Prélaud, P. Critically appraised topic on adverse food reactions of companion animals (2): common food allergen sources in dogs and cats. BMC Vet Res12, 9 (2016). https://doi.org/10.1186/s12917-016-0633-8

**27** Artgerecht! – Wie gesund ist die vegetarische und vegane Ernährung von Hund und Katze? Kleintier Konkret. 2019 Oct;22(5):18-23. PMCID: PMC7295291.

**28** Morgane, Anne Tresset et al, Amy2B copy number variation reveals starch diet adaptiations in ancient European dogs. R.Soc. open sci. 3: 160449.

**29** Loescher, Anne-Sophie, Küller, Valeria, Vervuert, Ingrid, BARF-Rationen bei Hunden – Wie gut beraten Internetforen? Kleintier konkret 2017; 20/05): 10-12. DOI: 10.1055/s-0043-118810

**30** Annaheim, Jasmin & Jungbluth, Niels & Meili, Christoph. (2019). Ökobilanz von Haus- und Heimtieren: Überarbeiteter und ergänzter Bericht. 10.13140/RG.2.2.35878.98882/1.

**31** https://wildearth.com/blogs/the-wild-times/bramble-the-vegan-border-collie
Aufgerufen am 01.03.2024

**32** https://vegan4dogs.com/Blog/Tierarzt-mit-Durchblick
Aufgerufen am 01.03.2024

**33** https://veganvet.info/
Aufgerufen am 01.03.2024

34 https://www.vegan.at/inhalt/prof-dr-iben-von-der-vetmed-wien-uber-vegane-hundeernahrung
Aufgerufen am 01.03.2024

35 https://utopia.de/news/hunde-vegan-ernahren-fuettern-das-sagt-hundeprofi-martin-ruetter_305833/
Aufgerufen am 01.03.2024

36 Simon, S. (2012): BARF. Biologisch Artgerechtes Rohes Futter. Münchweiler: Verlag Drei Hunde Nacht

37 https://www.destatis.de/DE/Themen/Laender-Regionen/Internationales/Thema/landwirtschaft-fischerei/tierhaltung-fleischkonsum/tierhaltung-fleisch.html
Aufgerufen am 04.04.2024

38 https://www.chathamhouse.org/sites/default/files/2021-02/2021-02-03-food-system-biodiversity-loss-benton-et-al_0.pdf
Aufgerufen am 01.03.2024

39 https://ourworldindata.org/soy
Hannah Ritchie (2021) – "Is our appetite for soy driving deforestation in the Amazon?" Published online at OurWorldInData.org. Retrieved from: 'https://ourworldindata.org/soy' [Online Resource]

40 https://www.wwf.de/themen-projekte/landwirtschaft/ernaehrung-konsum/fleisch/der-appetit-auf-fleisch-und-seine-folgen
Aufgerufen am 01.03.2024

41 Hannah Ritchie and Max Roser (2019) – "Land Use" Published online at OurWorldInData.org. Retrieved from: 'https://ourworldindata.org/land-use' [Online Resource]

42 Greenspoon, Lior, Krieger Eyal et al, The global biomass of wild mammals. PNAS (2023) vol. 120, no. 10

43 Greenspoon, Lior & Krieger, Eyal & Sender, Ron & Rosenberg, Yuval & Bar-On, Yinon & Moran, Uri & Antman, Tomer & Meiri, Shai & Roll, Uri & Noor, Elad & Milo, Ron. (2023). The global biomass of wild mammals. Proceedings of the National Academy of Sciences of the United States of America. 120. e2204892120. 10.1073/pnas.2204892120.

44 Fleischatlas 2021. Hrsg. Heinrich-Böll-Stiftung, Bund für Umwelt und Naturschutz Deutschland, le Monde Diplomatique.

45 https://de.statista.com/infografik/28117/lebensmittel-mit-dem-hoechsten-trinkwasserverbrauch-pro-kilogramm-in-der-produktion--in-liter-/
Aufgerufen am 01.03.2024

46 https://www.peta.de/themen/wasserverbrauch-fleisch/
Aufgerufen am 01.03.2024

47 https://www.lgl.bayern.de/lebensmittel/chemie/arzneimittelrueckstaende/antibiotika/et_antibiotika_fleisch.htm
Aufgerufen 09.04.2024

48 Umweltbundesamt (Hrsg.): Dioxine und dioxinähnliche PCB in Umwelt und Nahrungsketten. Dessau, 2018.

49 Rittenau, N. (2019): Vegan-Klischee ade!. Wissenschaftliche Antworten auf kritische Fragen zu veganer Ernährung. Mainz: Ventil Verlag.

50 https://www.peta.de/neuigkeiten/b12-nutztiere/
Aufgerufen am 01.03.2024

51 https://www.nabu.de/natur-und-landschaft/landnutzung/landwirtschaft/umweltschutz/index.html
Aufgerufen am 01.03.2024

52 https://www.foryouehealth.de/gesund-leben-blog/naehrstoffgehalt_in_lebensmitteln.html
Aufgerufen am 01.03.2024

53 Bundeszentrum für Ernähurg: Hülsenfrüchte: Erzeugung.
Aufgerufen am 01.03.2024

54 https://www.umweltbundesamt.de/umwelttipps-fuer-den-alltag/essen-trinken/biolebensmittel#hintergrund
Aufgerufen am 01.03.2024

55 https://www.test.de/Bio-oder-konventionell-Wer-hat-die-Nase-vorn-4947770-4947780/#:~:text=Bioobst%20und%20%2Dgem%C3%BCse%20ist%20besonders,das%20nur%20f%C3%BCr%2021%20Prozent
Aufgerufen am 01.03.2024

56 https://www.foodwatch.org/fileadmin/-DE/Themen/Tierhaltung/Dokumente/2023-01-17_Tiergesundheit_Report.pdf
Foodwatch e.v. (Hrsg.), Foodwatch Report 2023.
Aufgerufen am 01.03.2024

57 https://news.rub.de/wissenschaft/2020-08-10-wirtschaft-und-umwelt-ist-biofleisch-weniger-klimaschaedlich
Aufgerufen am 01.03.2024

58 https://www.planet-wissen.de/gesellschaft/trinken/milch/pwiediemilchkuheinlebenfuerdiemilch100.html#:~:text=Neun%20Monate%20ist%20die%20Kuh,gemolken%2C%20w%C3%A4hrend%20sie%20tr%C3%A4chtig%20ist.
Aufgerufen am 01.03.2024

59 https://www.peta.de/themen/ist-milch-gesund/
Aufgerufen am 01.03.2024

60 https://vegpool.de/magazin/eiter-milch.html
Aufgerufen am 01.03.2024

61 https://www.aerzteblatt.de/blog/98816/Schaden-Oestrogene-in-der-Kuhmilch-der-Gesundheit
Aufgerufen am 01.03.2024

62 https://www.fao.org/3/i3264de/i3264de.pdf
Der Beitrag von Insekten zu Nahrungssicherung, Lebensunterhalt und Umwelt; aufgerufen am 01.03.2024

63 Rumpold BA, Schlüter OK. Nutritional composition and safety aspects of edible insects. Mol Nutr Food Res. 2013 May;57(5):802-23. doi: 10.1002/mnfr.201200735. Epub 2013 Mar 8. PMID: 23471778.

64 Gibbons,Matilda, Crump, Andrew et al, Chapter Three – Can insects feel pain? A review of the neural and behavioural evidence,Editor(s): Russell Jurenka, Advances in Insect Physiology, Academic Press, Volume 63, 2022, pp. 155-229.

65 https://www.br.de/nachrichten/wissen/faktenfuchs-koennen-insekten-schmerz-empfinden,Tllw7jW
Aufgerufen am 01.03.2024

66 https://www.mordorintelligence.com/de/industry-reports/global-dog-food-market-industry
Aufgerufen am 01.03.2024

67 https://www.theinsightpartners.com/reports/vegan-dog-food-market
Vegan Dog Food Market 2008 – Industry Report

68 https://www.aok.de/pk/magazin/ernaehrung/gesunde-ernaehrung/wie-gesund-ist-essen-aus-der-konservendose/
Aufgerufen am 01.03.2024

**69** Yu S, Sun Y, Shao X, et al. Leaky Gut in IBD: Intestinal Barrier-Gut Microbiota Interaction. J Microbiol Biotechnol. 2022 Jul 28;32(7):825-834. doi: 10.4014/jmb.2203.03022. Epub 2022 Jun 30. PMID: 35791076; PMCID: PMC9628915.

**70** Eastland-Jones RC, German AJ, et al. Owner misperception of canine body condition persists despite use of a body condition score chart. J Nutr Sci. 2014 Oct 8;3:e45. doi: 10.1017/jns.2014.25. PMID: 26101613; PMCID: PMC4473163.

**71** https://www.vetline.de/adipositas-bei-hund-und-katze-ein-unterschaetztes-tierschutzproblem
Aufgerufen am 01.03.2024

**72** Verlinden A et al, (2006) Food Allergy in Dogs and Cats: A Review,Critical Reviews in Food Science and Nutrition, 46:3, 259-273, DOI: 10.1080/10408390591001117

**73** Mueller, R.S., Olivry, T. & Prélaud, P. Critically appraised topic on adverse food reactions of companion animals (2): common food allergen sources in dogs and cats. BMC Vet Res12, 9 (2016). https://doi.org/10.1186/s12917-016-0633-8

**74** https://www.bzfe.de/ernaehrung/ernaehrungswissen/essen-und-wissen/sekundaere-pflanzenstoffe/
Aufgerufen am 01.03.2024

**75** https://www.dge.de/wissenschaft/fachinformationen/sekundaere-pflanzenstoffe-und-die-gesundheit/#:~:text=Sie%20sch%C3%BCtzen%20m%C3%B6glicherweise%20vor%20verschiedenen,neurologische%2C%20entz%C3%BCndungshemmende%20und%20antibakterielle%20Wirkungen.
Aufgerufen am 01.03.2024

**76** https://www.ugb.de/exklusiv/fragen-service/phytinsaeure/?phytinsaeure-vollkorn
Aufgerufen am 01.03.2024

**77** https://www.ernaehrungs-umschau.de/fileadmin/Ernaehrungs-Umschau/pdfs/pfd_2009/11_09/EU11_636_639.qxd.pdf
Aufgerufen am 01.03.2024

**78** https://www.spektrum.de/lexikon/ernaehrung/protease-inhibitoren/7256
Aufgerufen am 01.03.2024

**79** https://www.europarl.europa.eu/news/de/headlines/society/20140902STO57801/fragen-antworten-anbau-von-gentechnisch-veranderten-organismen-in-der-eu#:~:text=%C3%96sterreich%2C%20Deutschland%2C%20Bulgarien%2C%20Griechenland,auf%20ihrem%20Gebiet%20verboten%20ist.
Aufgerufen am 01.03.2024

**80** https://www.oekotest.de/essen-trinken/Reis-im-Test-Nur-4-von-21-Reis-Marken-sind-sehr-gut_14105_1.html
Aufgerufen am 04.04.2024

**81** Oluyori AP, Shaw AK, et al Sweet Potato Peels and Cancer Prevention. Nutr Cancer. 2016 Nov-Dec;68(8):1330-1337. doi: 10.1080/01635581.2016.1225107. Epub 2016 Sep 27. PMID: 27673552.

**82** Kern, Susanne, Der Einfluss von Phytoöstrogenen, mehrfach ungesättigten Fettsäuren, Vitamin D und K auf den Knochenstoffwechsel und die Mikroarchitektur des Knochens. Dissertation, Ludwig-Maximilians-Universität München, 2004.

**83** https://www.vzhh.de/sites/default/files/medien/166/dokumente/14-04_vzhh_Vegan_Herkunft_Soja.pdf
Aufgerufen am 01.03.2024

**84** https://www.wwf.de/themen-projekte/landwirtschaft/produkte-aus-der-landwirtschaft/soja/soja-wunderbohne-mit-riskanten-nebenwirkungen#:~:text=Soja%20aus%20Europa%20und%20Deutschland,soziale%20Standards%20eingehalten%20werden%20m%C3%BCssen.
Aufgerufen am 01.03.2024

85 https://www.transgen.de/lebensmittel/2622.futter-soja-ohne-gentechnik.html
Aufgerufen am 01.03.2024

86 https://www.ewg.org/foodnews/dirty-dozen.php
Aufgerufen am 01.03.2024

87 https://www.ewg.org/foodnews/clean-fifteen.php
Aufgerufen am 01.03.2024

88 https://vetnutrition.tufts.edu/2021/04/in-the-news-updates-on-grape-toxicity/
Aufgerufen am 01.03.2024

89 https://www.vetpharm.uzh.ch/giftdb/pflanzen/0054_tvm.htm
Aufgerufen am 01.03.2024

90 https://www.vetpharm.uzh.ch/giftdb/pflanzen/0218_tox.htm
Aufgerufen am 01.03.2024

# Index

## E



## F



## G



## H

## I



## J



## K



## L



## M

## T



## U



## V



## W



## Z

# Das könnte Sie auch interessieren:

Tine Rotheimer

## Nachhaltiger leben mit Hund

Als Hundemensch bist du naturverbunden und genießt mit deinem vierbeinigen Freund die entspannenden Touren ins Grüne. Da liegt es besonders nahe, dass dir auch der Erhalt der Umwelt und unserer Ressourcen am Herzen liegt. Wie du dieses Bewusstsein für Nachhaltigkeit auch in die Tat umsetzen kannst, ohne dass dich ein riesiger Aufgabenberg überfordert oder dir jemand den moralischen Zeigefinger hinhält, erfährst du in diesem schön gestalteten Buch. Locker und leicht liefert es dir viele Inspirationen für den Alltag, die einfach umzusetzen sind und weder viel Zeit noch Geld und Mühe kosten. Es sind die kleinen Dinge in unserem Leben mit Hund, die ohne großen Aufwand angepackt werden können und dennoch im Ganzen einen Unterschied bewirken. Du wirst feststellen, dass es kein Verzicht, sondern ein Gewinn für dich sein wird, wenn du auf mehr Nachhaltigkeit im Hundealltag zu achten beginnst. Von ungiftigem und plastikfreiem Hundezubehör über nachhaltige oder selbst gemachte Pflegeprodukte über Ernährungs- und Tierschutzfragen bis hin zu Unterwegs-Tipps bekommst du hier zahlreiche Tipps, Anleitungen und Inspirationen. Damit wir auch morgen noch unsere Waldspaziergänge mit Hund genießen können!

Softcover, 204 Seiten, durchgehend farbig
ISBN 978-3-95464-314-1

Dr. Deva Khalsa

# Natürlich gesund

Hunde ganzheitlich ernähren und behandeln

Als verantwortungsvoller Hundehalter möchten Sie wissen, was in dem Futter, den Zusatzstoffen und Medikamenten steckt, die Ihr Hund bekommt, wie Sie ihn vor schädlichen Umwelteinflüssen schützen, kleinere Wehwehchen mit natürlichen Mitteln behandeln und wie Sie insgesamt mit einer gesunden und naturnahen Haltung zu einem langen Leben beitragen können. Denn: Im Organismus des Hundes hängt wie in der gesamten Natur alles zusammen!

Tierärztin Dr. Deva Khalsa gilt als Pionierin der ganzheitlichen Tiermedizin und teilt in diesem Buch ihre jahrzehntelange, aus Wissenschaft und Praxis gewonnene Erfahrung zu Ernährung, Naturheilverfahren und Homöopathie – oft in Verbindung mit schulmedizinischen Methoden. Auch in der Ernährung vertritt sie keine streng einseitige Ideologie, sondern zeigt, wie man schon mit kleinen Veränderungen und Ergänzungen wie etwa einem Topping aus frischem Gemüse auch ein gutes Fertigfutter aufwerten kann. Wer mehr Zeit investieren möchte, findet im Kapitel „Das Hunde-Restaurant" über 100 Rezepte zum Selberkochen für eine vollwertige Hundeernährung.

Enthält unter anderem:

- Grundwissen zur Ernährung – warum „nur Fleisch" nicht gut ist
- Rezepte und Ernährungsvorschläge für verschiedene Bedürfnisse
- Häufige Gesundheitsprobleme von A-Z mit Behandlungsvorschlägen
- Rezepte für selbstgemachte Kräutertinkturen und -salben
- Vorstellung der wichtigsten Naturheilverfahren
- Neubewertung von Impfplänen
- Strategien zur Vorbeugung und zum Management von Allergien, Diabetes oder Krebs
- ... und vieles mehr!

Hardcover, 328 Seiten, durchgehend farbig

ISBN 978-3-95464-217-5